Integrated Treatment Technology of Rural Domestic Sewage

“一带一路”乡村生活污水一体化处理与经典案例

李文生　李云桂　张健民　王峰宇　王　彬　等／著

中国环境出版集团・北京

图书在版编目（CIP）数据

“一带一路”乡村生活污水一体化处理与经典案例 / 李文生等著. -- 北京 ： 中国环境出版集团，2022.10
（“一带一路”绿色发展书系）
ISBN 978-7-5111-5267-1

Ⅰ. ①一… Ⅱ. ①李… Ⅲ. ①农村－生活污水－污水处理－中国 Ⅳ. ① X703

中国版本图书馆 CIP 数据核字（2022）第 153605 号

出 版 人 武德凯
责任编辑 孙 莉
装帧设计 宋 瑞

出版发行 中国环境出版集团
（100062 北京市东城区广渠门内大街 16 号）
网　　址：http://www.cesp.com.cn
电子邮箱：bjgl@cesp.com.cn
联系电话：010-67112765（编辑管理部）
发行热线：010-67125803，010-67113405（传真）
印　　刷 北京盛通印刷股份有限公司
经　　销 各地新华书店
版　　次 2022 年 10 月第 1 版
印　　次 2022 年 10 月第 1 次印刷
开　　本 787×1092 1/16
印　　张 11
字　　数 155 千字
定　　价 58.00 元

序

水资源保护是环境保护的重中之重，需要通过持续、全面和高效的水污染治理来实现。近几十年来，大中城市生活污水处理全面稳定发展，取得了可喜的成果，重点任务逐渐转移到建制镇和乡村。虽然乡村污水处理进入了快速发展阶段，但是仍存在诸多困难和难题。要留住青山绿水，必须加大力度治理乡村污水。

随着城市化进程的不断发展，发达国家早在半个世纪前就积累了分散型生活污水处理的丰富经验，但中国乡村土地面积广大，人口众多，地域特征和生活习惯不同，加之生活污水处理规模小、水质水量变化大、运维技术水平参差不齐，经费预算有限等，所以难以照搬他国的经验，必须探索符合我国国情的乡村污水治理之路。

可喜的是，我国《水污染防治行动计划（2018—2022 年）》《乡村振兴战略规划》《中华人民共和国乡村振兴促进法》等国家层面的顶层设计不断趋于完善，31 个省（自治区、直辖市）的乡村生活污水处理设施污染物排放标准相继出台，乡村生活污水处理工程技术的国家标准、设备标准、评估认证规则、运维技术规程以及地方乡村生活污水治理技术导则等也相继制定完成，为乡村污水治理打下了良好基础。

经过近二十年的探索和实践，中国乡村污水处理逐渐形成了以活性污泥法和生物膜法为核心的处理工艺技术，并制造出一批安装运维简单，标准化程度较高的一体化处理装置。

本书作者云南合续环境科技股份有限公司（以下简称合续环境）专研乡村生活污水处理十年，是乡村污水处理的领军企业之一，在总结经验和教训的基础上撰写了本书。本书不仅介绍了乡村生活污水的特征、处理工艺及管理技术，而且从技术的稳定性、设备的经济性和运行维护的可持续性等角度阐明了实用性和可操作性的一体化处理技术路线。除此以外，本书还对一体化设备的设计与制造、自动控制和云管理平台以及典型应用案例进行了分享。

本书对于典型技术的推广以及乡村污水处理设施建设的推进具有重要意义。

作为环保领域的同路人和合续环境成长的见证者，我很欣慰看到本书的出版。相信本书的出版能为乡村污水处理提供经验和借鉴，为绿色“一带一路”工程添砖加瓦。

杨世琨

前 言

“一带一路”为世界贡献了中国智慧和中国方案，是践行人类命运共同体理念的重大举措。随着“一带一路”的不断深入，绿色发展和建设逐渐成为重要方向。“ ·带 ·路”贯穿亚欧非大陆，沿线很多国家的生态系统脆弱，环境问题突出，面临着迫切发展经济与加强环境治理的双重压力。绿色“一带一路”可以打开环境保护与经济发展双赢的新局面，并有助于实现中国和沿线国家的互信共赢，积极推进全球生态文明建设。

针对“一带一路”沿线突出的水安全与水环境问题，中国科技界和企业界与“一带一路”沿线国家开展了深入交流与合作。近年来，中国环境保护企业在“一带一路”沿线承接了大量的环保配套工程，水处理设备的出口量也不断增加，出口目标地覆盖了东南亚、中亚、中东、非洲等区域。依靠在环保领域强大的技术优势，中国水务行业及中国制造的污水处理设备在世界范围内发挥了越来越大的作用。

一体化污水处理设备集污水预处理、生物处理、沉淀、消毒于一体，具有结构紧凑、占地面积小、建设周期短、处理效率高、经济合理等特点，特别适用于乡村等无管网地区的分散式生活污水处理。在世界范围内，日本是最早重视一体化污水处理设备应用的国家。由于中国疆域辽阔且处于城镇化进程当中，一体化污水处理技术近年来在中国得到了迅速发展。在此过程中，中国企业积累了大量技术研发、实践和推广经验，对其他发展中国家和地区的乡村生活污水处理具有重大借鉴意义。

合续环境自 2012 年成立以来始终致力于一体化污水处理设备的研发与生产，目前拥有针对乡镇、村庄和联户及单户的以贝斯、耐斯、中国罐、FREETANK 命名的四大分散式污水处理产品系列，以及相关智慧管理软件、物联网控制硬件和云平台信息系统。通过与海外优秀企业和国内科研院所保持深入的技术交流，合续环境的产品与技术持续不断进行迭代更新，一直保持着国际领先的地位。目前，合续环境成立了海外市场部，产品已经打入国际市场。

值此公司成立十周年之际，我们与长期合作的西南科技大学环境与资源学院、“低成本废水处理技术”四川省国际科技合作基地携手出版此书，旨在与同行们分享积累的经验成果，希望可以促进一体化处理技术与设备在“一带一路”乡村生活污水处理事业中发挥更大的作用，也对一体化污水处理工艺系统的不断改进与完善提供理论和技术参考。

全书共分为 5 章。第 1 章介绍乡村生活污水的特征与管理，第 2 章为乡村生活污水处理技术概述，第 3 章概述了 A^3/O-MBBR 工艺、改良 Bardenpho-MBBR 工艺、多级多段 A/O-MBBR 工艺、多级 A/O 生物接触氧化工艺、SND 型生物接触氧化法、A/O-MBR 工艺、膜曝气生物膜反应器等高效污水一体化处理技术，第 4 章介绍了乡村生活污水一体化处理设备，第 5 章为乡村生活污水一体化处理经典案例。

本书主要的编著人员有李文生、李云桂、张健民、王峰宇、王彬、邓棚、刘然荣、吕小慧、王玉琼、廖静、吴青松、杨俊、杜华、张松涛、曾玻、孙虹蕾、谢锭川、陈伟华、丁经国、吕政。本书在编写、出版过程中，得到了中国环境出版集团给予的大力支持，获得了中国工程物理研究院、日清纺等合作伙伴的鼎力协助，也得到了何海波、张新、周岗泉、杨婷婷、肖家琴等的帮助，在此一并表示感谢。

本书部分内容参考了国内外学者或工程师的研究成果、应用经验，在此向有关作者表示衷心感谢。限于各种条件，书中难免有疏漏和不妥之处，敬请读者批评指正。

作　者

2022 年 5 月

目录

Part 1

第 1 章　乡村生活污水的特征与管理

1.1　乡村生活污水的来源与特征

1.1.1　来源与组成

乡村生活污水主要包括餐厨污水、洗涤污水、洗浴污水和厕所冲洗水。以上四类来源的水量占比与气候条件、生活水平、生活习惯等有关。根据污水水质分类，餐厨污水、洗涤污水和洗浴污水属于灰水；厕所冲洗水是排泄及冲洗粪便产生的生活污水，又称为黑水（Paulo P L et al., 2013）。与灰水相比，黑水污染物浓度高、处理难度大；而作为潜在的资源，黑水同时又存在资源化利用价值高的特点。

乡村生活污水的组成复杂，污染物主要包括固体物、有机物、含氮化合物、含磷化合物、动植物油、阴离子表面活性剂、药物与个人护理品、细菌、病毒和虫卵等。在乡村污水处理中，重点关注的水质指标包括悬浮颗粒物（SS）、化学需氧量（COD）、生化需氧量（BOD）、总氮（TN）、氨氮（NH_3-N）和总磷（TP）等。

SS 是衡量水污染的物理性指标，包括悬浮于水中的固体无机颗粒（泥沙、黏土）、有机颗粒及其负载微生物等。SS 浓度如果过高会使水体浑浊、透明度降低，进而影响水生生物呼吸和代谢，破坏水生生态系统。此外，有机悬浮颗粒物沉积后易产生厌氧发酵，引发水质恶化（Palleiro L et al., 2013）。

COD 和 BOD 是评估水体有机物污染程度的主要指标。COD 和 BOD 含量过高，表明水体中还原性有机物含量高，对溶解氧消耗大，易造成水体黑臭等水环境问题。与城市污水处理厂的进水相比，乡村生活污水有机物含量更高（COD 可达 500 mg/L），可生化性好（BOD_5/COD 为 0.45 ～ 0.55），可通过生化处理有效去除（许加星等，2012；Fan Z et al., 2021）。

TN 是各种形态氮的总和，包括无机氮（NH_3-N、NO_2^--N、NO_3^--N 等）

和有机氮（蛋白质、氨基酸、有机胺等）。乡村生活污水排放以有机氮和 NH_3-N 为主，这两类含氮化合物均不稳定，其中有机氮可通过氨化作用转化为 NH_3-N，NH_3-N 可通过硝化作用转化为 NO_2^--N，并进一步氧化为 NO_3^--N。在转化过程中，需要消耗水体溶解氧，从而引发水质恶化（付融冰等，2006；Ma L et al., 2019）。此外，NH_3-N、NO_2^--N、NO_3^--N 浓度过高时，对水生生态系统存在直接或间接的毒害作用，会造成水体富营养化等危害。在乡村生活污水排放管理中，TN 和 NH_3-N 是重要的技术指标。与城市生活污水相比，乡村生活污水处理氮负荷高，处理工艺设计和工程运行维护技术难度高。

TP 是水体中各形态磷的总和，包括溶解性总磷和固态总磷。生活污水中总磷主要来源为人体排泄物、食品残渣和含磷洗涤剂。与氮一样，磷是生物生长的必需元素，是水体营养类污染指标（Powers S M et al., 2009；Withers P J A et al., 2009）。水体中氮、磷含量过高会导致水体中藻类植物过度繁殖，引发水体富营养化。在生活污水处理系统中，生化除磷的效率不稳定，采用化学除磷法又存在运维难度高、价格昂贵等缺点。因此，磷的处理是乡村生活污水处理的难题。

1.1.2 主要特征

乡村生活污水具有排放总量大、排放面广、水质水量波动大、排放区域特征显著、处理率低、回收潜力大等特点。

（1）排放总量大

"一带一路"发展中国家的乡村人口众多，生活污水排放总量大。中国共有 63.4 万个行政村，2.2 万个集镇，乡村生活污水排放量每年超过 200 亿 t，占全国生活污水总排放量的一半以上。我国第二次全国污染源普查发现，乡村生活污水主要污染物排放量 COD 为 499.62 万 t，NH_4^+-N 为 24.50 万 t，TN 为 44.65 万 t，TP 为 3.69 万 t（图 1-1），分别占总生活源污水污染物排放总量（包括城镇生活源水污染物排放量）的 50.8%、35.0%、30.5% 和 38.7%。

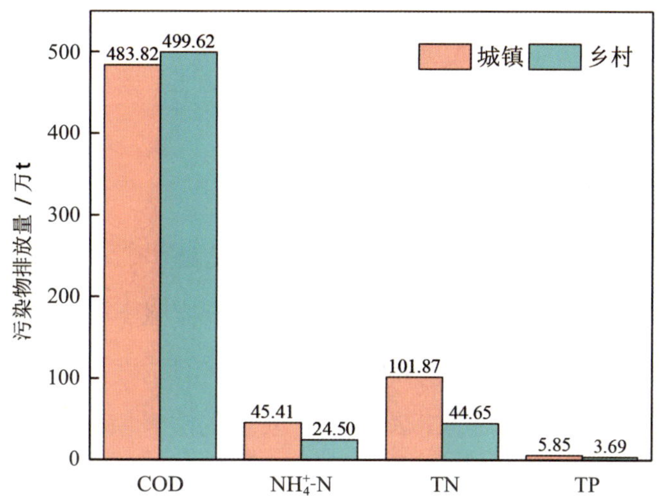

图 1-1　我国城镇和乡村污水主要污染物排放量对比（第二次全国污染源普查）

（2）排放面广

乡村居民居住分散、生活污水排放面广，存在污水收集管网不健全、难以集中处理等问题，是面源污染的重要来源。目前，乡村生活污水处理有以下几种方式：①借力处理。靠近城镇污水集中收集系统的村庄，接入市政、企业污水管网处理。②独立处理。经济和管理水平较高的乡村地区，建立乡村生活污水处理系统（如一体化处理设备、人工湿地等），污水经处理后排放。③简易处理或直接排放。居住相对集中时，利用明沟或暗渠，或者路边沟等简陋设施进行污水的收集和排放；居住特别分散时，就地泼洒或直接排放（金美珊，2021；李保建，余俊，2021）。

（3）水量水质波动大

受日常作息习惯、周期性人口流动等因素的影响，乡村生活污水的水量水质波动较大。乡村人口的流动性大，节假日期间返乡人流量大、生活污水排放量显著增加。乡村生活污水的排放，呈现明显的季节变化规律。夏季，居民洗浴需求大，洗涤污水排放增加，污水排放呈水量大和浓度低（COD、TN、TP）的主要特征。冬季则相反，水量小、排放浓度高。春秋两季排放特征相似，水质水量居中。此外，降水稀释也是重要的影响因素。陆海等（2020）针对大理市洱海流域乡村的研究调查发现，雨季不同污染物平均浓度只有旱季的 20% ～ 50%。

（4）排放区域特征显著

乡村污水排放与气候条件和经济发展水平息息相关，存在显著的区域分布特征。受干旱气候影响，中国西北乡村居民生活用水量与东南部地区相比偏少，特别是洗漱频率较低，形成污水排放量少的特点。梁瀚文等（2011）调查发现，同样是 5 口人之家，南方地区农户的洗澡用水量为 70 ～ 140 L /（人・d），而北方地区农户在夏季也只有约 25 L/（人・d）。此外，对比厨房用水量，北方地区农户为 50 ～ 70 L/d，而浙江地区农户的用水量达到了 80 ～ 130 L /d。

乡村生活污水排放量与地区乡村经济水平呈正相关。随着经济快速发展，农房和村庄建设现代化进程加快，乡村自来水逐步入户，乡村生活品质日益提高（如便捷使用现代厨电和卫浴产品），乡村生活污水产生量也相应增加（陈子爱等，2016）。产业结构也会影响乡村生活污水的排放，如经营旅游业的村庄污水排放随旅游旺季和淡季的变化显著波动（梁瀚文等，2011；陆海等，2020）。

（5）处理率低

受到经济与技术因素限制，"一带一路"发展中国家目前乡村生活污水处理率较低。以中国为例，经济发展较好的东部和东南沿海地区，率先开展乡村污水治理工作，污水治理投入资金多，乡村环境治理基础设施配套较完整，乡村污水处理基本实现全覆盖。而在中国的中部和西部地区，乡村环境治理基础设施投入不足，再加上生活习惯和自然条件等原因，乡村污水整体治理率较低。

（6）回收潜力大

乡村生活污水体量大、分布广，经有效处理后可变为丰富的二次水资源，就地高效利用（特别是干旱、半干旱地区）。乡村污水氮、磷等营养物质含量高，具有很高的回收利用价值。从乡村生活污水（污泥）中回收氮、磷作为肥料，既高效利用了营养物质，又防止了含氮化合物进入水体，引起水体富营养化。另外，生活污水中富含碳，具有能源潜力，生活污水处理过程中产生的污泥经过稳定化处理后具有较高的化学储能，热值可达 32 MJ/kg（Hu M et al., 2016；李前正等，2020）。可见，乡村生活污水资源化利用具有巨大的潜力，尤其是对于水资源匮乏的干旱、半干旱地区具有重要意义。

1.1.3　环境风险

乡村生活污水未经有效处理 / 回用，排放后会引发系列环境风险。主要包括：①污染饮用水水源。未经处理或处理未达标的生活污水排入地表水体，会对饮用水水源造成污染，引发疾病传播。②污染土壤及地下水。对于地下水位低的地区，乡村生活污水未经有效处理排放，存在较高的地下水污染风险，特别是造成大肠杆菌等指标超标等。③扰乱水生生态系统平衡，降低水生生物的稳定性和多样性，影响鱼类生存和渔业生产。④引发黑臭水体。乡村生活污水中的有机物连续发酵会产生硫化氢、硫醇、氨气等发臭物质，同时形成硫化铁、硫化锰等黑色物质，使水体黑臭，丧失使用功能，影响景观及人类健康。⑤水体富营养化。水生生物过度繁殖，水体透明度和溶解氧等迅速下降，污染物指标急剧增加，水质快速恶化。⑥滋生蚊蝇等害虫。生活污水积存为害虫繁衍提供了有利环境，易滋生大量蚊蝇等害虫。

1.2　乡村生活污水的管理

管理政策是解决生态环境问题的驱动力。与城市污水管理相比，乡村污水的管理发展较慢。美国和日本是较早关注乡村污水管理的国家。作为世界第二大经济体的发展中国家，中国在乡村污水管理方面也积累了丰富的经验。

1.2.1 中国

与美国和日本相比，中国乡村污水治理起步较晚，始于21世纪初，先后经历了萌芽阶段、发展阶段和快速发展阶段。

第一阶段，萌芽阶段（2005—2008年）。该阶段国家逐渐开始重视乡村环境保护问题，并期望通过政策的制定来引导产业的发展。2008年，国务院召开第一次全国乡村环境保护工作会议，乡村分散式污水的全面治理工作拉开序幕。同期，财政部与环境保护部（现生态环境部）成立了农村环境保护专项资金，支持农村生活污水处理和垃圾处置等。

第二阶段，发展阶段（2009—2015年）。该阶段主要特点为政策探讨、资金配套与示范建设。国家陆续出台《关于实行“以奖促治”加快解决突出的农村环境问题的实施方案》《农村生活污染防治技术政策》《中华人民共和国环境保护法》和《水污染防治行动计划》。通过实施“以奖促治”政策，从分散式试点到集中连片，完成6万个建制村的环境综合整治。在环境敏感地区和经济发达地区，率先积累一批示范案例。同期，中国分散式污水处理企业如合续环境等也如雨后春笋般快速发展，针对中国国情，研发了系列乡村污水处理技术与工艺。

第三阶段，快速发展阶段（2016年至今）。该阶段的特点为政策及机制完善，大力推进区域综合服务。2019年，住房和城乡建设部发布《农村生活污水处理工程技术标准》，为行业技术发展提供了指南。截至2020年，全国31个省（自治区、直辖市）已根据当地实际情况制定了地方乡村生活污水处理设施水污染物排放标准，以适应本地乡村分散式污水处理要求。2021年，财政部发布《农村环境整治资金管理办法》，为全国乡村污水处理提供了资金保障。2021年，中国国际贸易促进委员会先后发布《小型生活污水处理设备标准》《小型生活污水处理设备评估规则》《村庄生活污水处理设施运行维护技术规程》。“十三五”期间，通过《农业农村污染治理攻坚战行动计划》的实施，已完成13万个建制村的环境综合整治；“十四五”期间，拟完成8万个建制村的环境综合整治。

至此，中国已建立了较为完善的法规体系、财政补助制度和运营模式，乡村生活污水综合治理水平得到显著提升。在结合本国国情的基础上，中国有效吸收美国和日本的先进治理理念，通过近 20 年的发展在乡村污水治理方面积累了大量经验，为“一带一路”伙伴提供参考。

1.2.2　美国

美国早在 19 世纪中叶就开始关注乡村生活污水处理问题，并建设乡村生活污水处理设施。乡村分散污水处理技术演化过程为户外厕所→污水坑→化粪池→分散式污水处理系统。无论是在法规体系和财政补贴制度方面，还是在技术模式和运营模式等方面，美国都有比较完善的体系（范彬等，2009；文一波，2016）。

20 世纪 60 年代，美国乡村与城市污水治理开始适用同一法律体系，强调乡村家庭自主治理生活污水；到 20 世纪 80 年代，美国已实现乡村生活污水处理设施的全面覆盖。1987 年，美国将治理面源污染的内容写进《水质量法案》，要求各州为分散污水治理建立计划和项目资助。1997 年，美国国家环境保护局（EPA）调研了美国分散型污水处理系统运行状况，发现实际运行状况并不理想。针对分散型污水处理系统未能得到有效利用的问题，EPA 自 2002 年起发布了一系列关于分散式污水处理和管理的指导性文件，加强对乡村生活污水的治理，并根据地方政府的管理能力和管辖环境，确定对分散型污水系统的管辖范围和权力。2003 年，美国发布了《分散处理系统管理指南》，在指南中对分散污水治理提出 5 种集中管理程度逐步加强的运行模式（业主自主模式、协议维护模式、许可运行模式、集中运行模式、集中运营模式）。此外，EPA 还设立并管理许多与分散型污水处理系统管理相关的计划和项目，包括水质标准项目、最大日负荷总量计划、非点源管理计划、国家污染排放削减系统计划和水资源保护计划等。针对乡村生活污水处理，美国也建立了有效的资金保障制度，如各州为重要污水处理以及相关环保项目提供滚动基金计划。

美国治理乡村生活污水的成功，得益于完整的分散型污水政策体系、多方位的运营体系和保障得力的资金支持体系，而这些经验对"一带一路"国家的乡村生活污水治理具有一定的借鉴作用，具体包括：

①因地制宜，结合各乡村地区环境需求、地理环境、经济发展水平、污水排放现状、污水收集系统等，灵活制定乡村生活污水处理政策。

②建立健全乡村生活污水治理的市场机制和管理机制，积极发挥政府、非政府组织和企业等多种力量的作用。

③建立有效资金保障制度，拓宽乡村生活污水治理的融资渠道。

1.2.3 日本

日本国土面积小、人口多、水资源匮乏，乡村生活污水处理需求显著。其主要处理方式包括净化槽处理和集中处理，在法规体系、财政补助制度和运营模式等方面均建立了完善的体系。总体上，日本乡村生活污水综合治理水平在主要发达国家中首屈一指。

20 世纪 60 年代，日本企业开始推出适用于农村地区粪便处理的净化槽技术与设施。为规范市场与建设，1969 年日本出台《建筑基准法》。1977 年日本启动"乡村生活污水处理计划"，借鉴城市污水处理技术开发了生物膜法和活性污泥法两大类别的水处理一体化设备——净化槽。1983 年日本正式制定《净化槽法》，对乡村分散污水治理进行全面管理。该法规成为目前日本乡村生活污水治理的主要法律依据。1987 年日本建立"合并净化槽设置整备事业"补助制度，1994 年起开始实施"特定地域生活排水处理事业"补助制度（赵芳等，2018）。

日本以《净化槽法》为核心建立了较为完善的乡村生活污水治理法规政策体系，提出了不同规模生活污水处理排放要求，建立了净化槽污水处理设施建设、运行和维护的技术指导和市场监管体系，强化了设施建设和运行资金保障制度，推动了净化槽产业规范化、专业化和规模化发展，为日本乡村生活污水治理创造了良好的政策环境。为推动《净化槽法》实施，日本还配套出台了《净化槽法施行规则》《净化槽构造标准及解说》《农业村落排水设施设计指针》，各都道府县也出台了相应的地方法规和标准等，明确了国家相关部门、地方政府、设施使用者和运行维护机构及人员的责任和义务，为有序推进和科学治理乡村生活污水奠定了基础（陈颖等，2019）。

目前，日本已实现乡村生活污水全覆盖，并实现资源化高效利用。约 80% 的地区将处理水作为农业用水循环利用，乡村排水设施产生的污泥中约有 71% 通过农田还原等方式被循环利用。例如，将收集的生物量与辅料（如稻壳）混合和发酵，作为肥料使用（地域環境資源センター，2021）。

参考文献

陈颖，于奇，贾小梅，2019. 借鉴日本《净化槽法》健全我国农村生活污水治理政策机制 [J]. 中国环境管理，11（2）：14-17.

陈子爱，贺莉，施国中，等，2016. 农村生活污水排放量及特性分析 [J]. 中国沼气，34（4）：67-69.

范彬，武洁玮，刘超，等，2009. 美国和日本乡村污水治理的组织管理与启示 [J]. 中国给水排水，25（10）：6-10, 14.

付融冰，杨海真，顾国维，等，2006. 潜流人工湿地对农村生活污水氮去除的研究 [J]. 水处理技术，（1）：18-22.

金美珊，2021. 甘肃榆中农村生活污水现状与处理问题浅析 [J]. 甘肃科技，37（4）：4-7.

李保建，余俊，2021. 合肥市兆河流域农村生活污水处理浅析 [J]. 资源节约与环保，（8）：76-78.

李前正，武俊梅，吴振斌，等，2020. 生活污水资源回收技术及可视化分析 [J]. 环境科学与技术，43（6）：223-229.

梁瀚文，刘俊新，魏源送，等，2011. 3 种典型地区农村污水排放特征调查分析 [J]. 环境工程学报，5（9）：2054-2059.

陆海，张先智，吴程，等，2020. 洱海流域农村生活用水与污水排放调查分析 [J]. 环境影响评价，42（6）：6.

文一波，2016. 中国典型村镇污水处理系统研究 [D]. 北京：清华大学.

许加星，徐力刚，姜加虎，等，2012. 生化生态组合湿地系统对农村生活污水的净化效果研究 [J]. 农业环境科学学报，31（9）：1815-1822.

赵芳，贾小梅，李冬，2018. 日本农村污水治理经验对中国实施乡村振兴战略的借鉴 [J]. 世界环境，（2）：19-23.

FAN Z, LIANG Z, LUO A, et al., 2021. Effect on simultaneous removal of ammonia, nitrate, and phosphorus via advanced stacked assembly biological filter for rural domestic sewage treatment [J]. Biodegradation, 32（4）: 403-418.

HU M, FAN B, WANG H, et al., 2016. Constructing the ecological sanitation: a review on technology and methods [J]. Journal of Cleaner Production, 125: 1-21.

MA L, LIU W, TAN Q, et al., 2019. Quantitative response of nitrogen dynamic processes to functional gene abundances in a pond-ditch circulation system for rural wastewater treatment [J]. Ecological Engineering, 134: 101-111.

PALLEIRO L, RODRIGUEZ-BLANCO M L, TABOADA-CASTRO M M, et al., 2013. The influence of discharge, pH, dissolved organic carbon, and suspended solids on the variability of concentration and partitioning of metals in a rural catchment [J]. Water Air and Soil Pollution, 224（8）:1651.

PAULO P L, AZEVEDO C, BEGOSSO L, et al., 2013. Natural systems treating greywater and blackwater on-site: integrating treatment, reuse and landscaping [J]. Ecological Engineering, 50: 95-100.

POWERS S M, BRUULSEMA T W, BURT T P, et al., 2016. Long-term accumulation and transport of anthropogenic phosphorus in three river basins [J]. Nature Geoscience, 9（5）: 353.

WITHERS P J A, JARVIE H P, HODGKINSON R A, et al., 2009. Characterization of phosphorus sources in rural watersheds [J]. Journal of Environmental Quality, 38（5）: 1998-2011.

地域環境資源センター, 2021. 農業集落排水の手引き(令和 4 年度版)～より良い保全·管理·整備のために～（EB/OL）. http://www.jarus.or.jp/pamphlet/index.htm.

Part 2

第 2 章　乡村生活污水处理技术概述

2.1　乡村生活污水收集

2.1.1　收集模式

收集是实现处理的前提，是影响污水处理效率的重要因素之一。结合中国、日本、美国、欧洲等国家（地区）的经验，乡村生活污水的收集可划分为分散收集、集中收集和纳管收集三种基本模式。在选择污水收集模式时，应综合考虑当地的人口分布、污水水量、经济发展水平、环境特点、气候条件、地形地貌，以及当地的排水体制、排水管网现状等因素。应根据村落和农户的分布，因地制宜规划收集系统，尽量避免长距离排水管道的建设。

分散收集具有节省管网投资、施工简单快速等特点，适用于村庄分布比较分散、人口密度较低、地形较为复杂，不宜铺设管网的地区。根据处理模式的不同，分散收集可分为分散收集分散处理和分散收集集中处理两种（表2-1、图 2-1）。其中分散收集分散处理需要配套户内污水收集管、分户 / 联户式一体化污水处理设备。而分散收集集中处理需要配套户内污水收集管、化粪池，以及定期清掏的收集罐车。化粪池由于结构简单、费用低，相较于分散收集分散处理模式投资更低。但需要注意的是，在水冲式厕所普及率高的地区，化粪池内厕所污水的囤积速度和清掏频率均很高，可能超出收集与运输系统的承载能力（王珏，2021）。

集中收集，是指村庄或一定范围内农户的污水经管网收集后，就近接入污水处理设施的模式，适用于村民居住密集或居住人数较多、地势平缓、远离城镇的地区。有条件的地区宜采用分流制管网。该模式中污水收集、处理、排放全过程采用就近原则，达标处理出水可就近排入河道，或直接用于农田灌溉，其工程建设难度较低，需要配备收集管网和提升泵站（Wang T X，2021）。

纳管收集，是指位于城镇及其周边村庄的生活污水，经污水支管收集后直接纳入城镇污水干管的收集模式，最终处理由城镇污水处理厂完成，具有管理方便、投资小、见效快、收集率高和处理效果好等优点，但受到地域限制，适用范围有限，需要配套收集管网、提升泵站（李鹏峰等，2021）。

表 2-1　乡村生活污水的收集模式对比

收集模式		适用范围	配套设施设备
分散收集	分散处理	人口密度少、地形复杂、不具备铺设管网条件的地区	户内污水收集管、分户 / 联户式一体化污水处理设备
	集中处理		户内污水收集管、化粪池、收集罐车
集中收集		人口密度大、污水量较大、地势平缓、远离城镇的地区	收集管网、提升泵站
纳管收集		距离城镇较近、经济条件较好、具备铺设管网条件的地区	收集管网、提升泵站

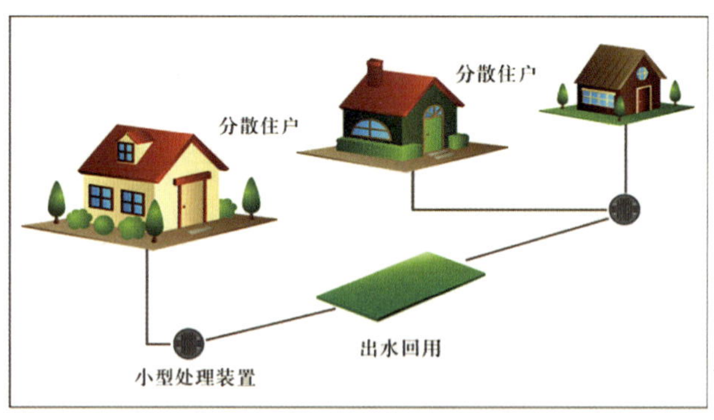

（a）分散收集分散处理

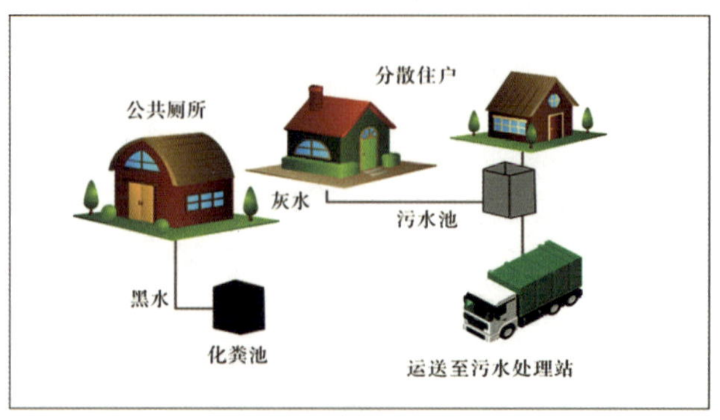

（b）分散收集集中处理

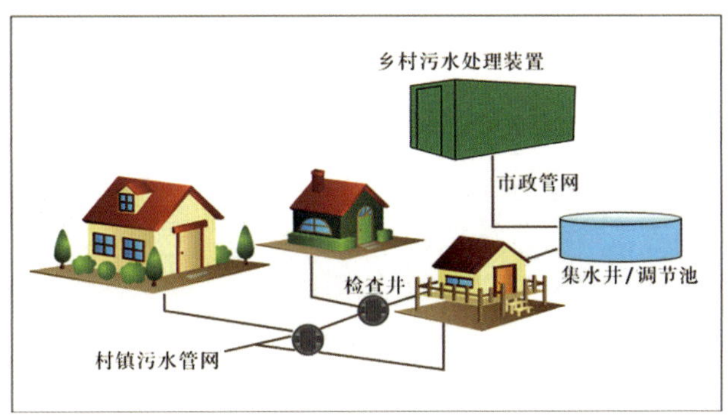

（c）集中收集集中处理

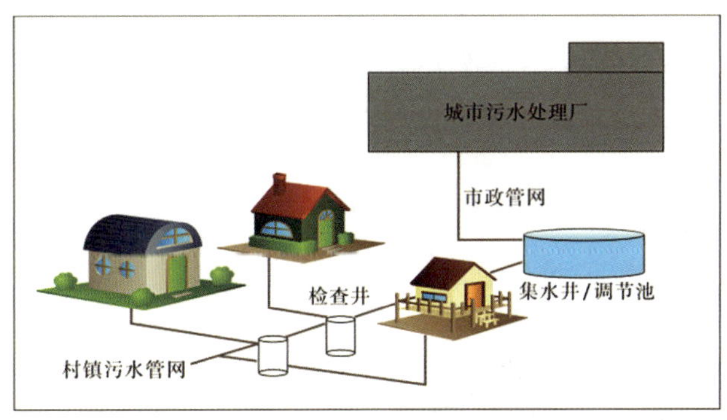

（d）纳入市政管网

图 2-1　乡村生活污水收集模式示意图（李鹏峰等，2021）

2.1.2　收集方法

乡村生活污水的主要收集方法是重力收集。重力收集具有投资小、能耗低、运行维护简单的优势（表 2-2、图 2-2），是乡村生活污水的主流收集方法。但重力收集存在地形较复杂时工程施工困难、管道易堵塞、易发生污水渗漏的问题。对于难以敷设重力管网的地区，可采用真空负压方法收集生活污水。区别于重力收集，真空排水系统通过真空设备使排水管道内产生一定的真空度，利用空气压差为输送液体提供动力（表 2-2、图 2-2）（叶美瀛等，2021）。此系统具有管径小、埋深浅、能爬坡、不堵塞的特点，适用于地形、地质复杂地区生活污水的收集，在国内外都有一定的应用，但真空收集系统的投资大，运维管理难度要求高，整体上在乡村应用较少（Islam M S，2017）。

表 2-2　重力收集和真空收集对比

类别	适用范围	管网铺设	配套设备	工程投资	运行管理
重力收集	地势平坦旷阔、管网规模较大的地区	较深，一般设于冰冻线以下；受地形和埋深限制；长距离输送需要提升泵站	少	较低	简单
真空收集	敷设重力管网有困难、地势落差大、管网规模相对较小的地区	较浅，可埋于冰冻线以上；管网需要密封，管道铺设灵活，不受地形和埋深限制；不需要提升泵站	多	较高	复杂

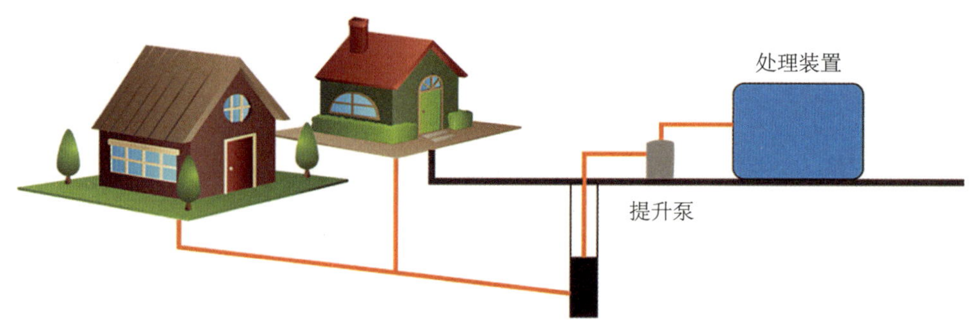

（a）重力收集方式

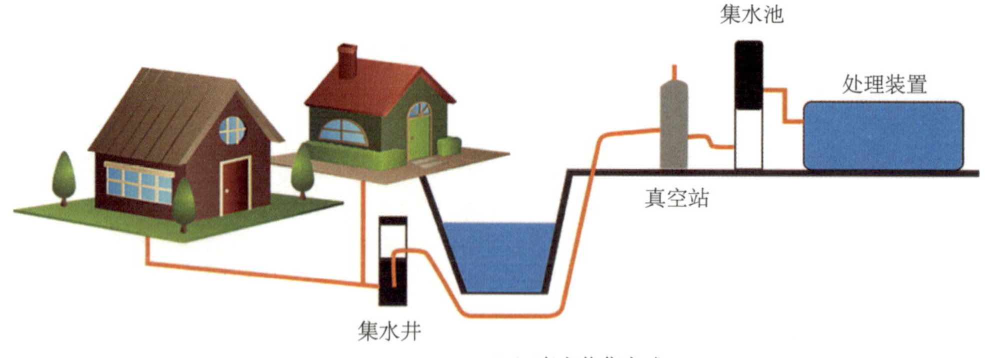

（b）真空收集方式

图 2-2　重力收集和真空收集示意图（李鹏峰等，2021）

2.2　乡村生活污水处理

乡村与城镇相比具有人口分布相对分散、地形相对复杂、缺乏完善的管网等特点，这不仅增加了乡村污水收集的难度，也给污水处理带来极大的挑战（Deng Y H et. al., 2016）。

全球范围内乡村地区的地理、气候、生态条件各不相同，经济社会条件、人口因素、风俗习惯也存在较大差异，造成生活污水的水质、水量各有不同。此外，由于污水处理终端选择不同的处理工艺，因此基建成本、处理效果以及后期运维管理的复杂程度会有很大差异。故采用单一的污水处理模式或技术，很难经济有效地实现乡村污水处理达标的目标，需因地制宜，充分考虑当地实际情况后采取安全可靠、处理效果好、低耗节能、运维管理简便、能达标排放的污水处理工艺。

本节从物理化学方法、生物膜法、活性污泥法和自然生物处理法四个方面出发，对乡村污水处理中常用的工艺进行介绍。此外，化粪池和膜生物反应器（Membrane Bio-Reactor，MBR）是乡村污水处理中常用的工艺设施。但严格来讲，化粪池和 MBR 均不属于生物膜法或者活性污泥法，因此本节将单独介绍。最后，作者结合中国的乡村污水处理经验，论述了“一带一路”国家乡村污水处理的技术选择思路。

2.2.1　物理化学方法

乡村生活污水处理中的物理化学方法包括格栅、调节池、沉砂池、沉淀池、除磷、消毒等。

（1）格栅

格栅是一种简单的过滤设备，预处理工艺中通常使用格栅作为污水处理的第一个环节，设置于污水处理设施或泵站前。格栅主要用来高效地阻拦、收集污水中的树叶、缠绕物、固体垃圾等粗大悬浮物或漂浮物，防止后续管道阀门或水泵堵塞，并为其后的生化处理工序奠定基础（张自杰，2015）。

格栅有人工格栅和机械格栅，格栅选择通常根据所需清渣量而定。按栅条间隙大小，格栅又可分为粗格栅、细格栅和精细格栅。当采用人工方式清除栅渣时，粗格栅间隙通常选 26 ～ 40 mm，当采用机械清除时，粗格栅间隙通常选 15 ～ 25 mm；细格栅间隙通常选 3 ～ 10 mm；精细格栅间隙通常选 1 ～ 2 mm。膜生物反应器工艺前一般设置精细格栅以防止毛发等缠绕膜组件。

（2）调节池

水质、水量变化大是乡村污水的特点之一。污水的污染物负荷变化大会严重影响后端的生化处理。为此，在乡村污水处理中，一般在污水处理设施的前端设置调节池，用来均化原水的水量和水质，确保后端在相对稳定的进水条件下进行生化处理，并起到降解部分污水中有机物的作用，提高整个系统的抗冲击性能和处理效果（刘宏，2013）。为实现对水量的调节，通常在调节池内设置液位控制器，控制提升泵的启停。为实现对水质的调节，调节池内可设置搅拌装置，对池内的水进行混合。

调节池的有效容积应根据处理规模、水量水质波动等因素综合确定，水力停留时间一般不宜小于 12 h。对池壁和池底应进行防渗处理，并采取防臭和防爆措施。无条件设置调节池时，污水处理设施应满足峰值流量要求且不产生溢流。

（3）沉砂池

乡村生活污水处理中，可根据需要设置沉砂池。沉砂池主要是利用重力沉淀去除污水中泥砂等密度较大的固体颗粒物，简单易行，效果良好（张自杰，2015）。沉砂池一般设置于泵站、沉淀池之前，以减轻水泵磨损，防止管道堵塞，以及提高污水处理设施产生的剩余污泥的有机组分含量，提高污泥资源化利用时作为肥料的价值。

（4）沉淀池

沉淀池的主要功能是利用重力沉淀去除污水中的固体悬浮物，实现固液分离。沉淀池早期在污水处理中独立使用，但其处理效果有限，目前主要和生物处理法组合使用。沉淀池主要分为初次沉淀池（以下简称初沉池）和二次沉淀池（以下简称二沉池），其中初沉池在乡村污水处理中应用较少。

初沉池设置于生物处理单元之前，主要用于去除原水中以有机物为主的SS，在改善后端生物处理单元运行条件的同时降低污染物负荷。二沉池设置于生物处理单元之后，主要用于沉淀分离活性污泥或生物膜的脱落物，并实现一定的污泥浓缩作用，是生物处理系统的重要组成部分。

沉淀池的 SS 去除效率和池面积、SS 的沉降速度成正比，和日处理水量成反比。因此，表面水力负荷（日处理水量、表面积）是沉淀池设计的关键。

（5）除磷

乡村生活污水处理设施的出水水质通常根据环境敏感度和受纳水体环境要求确定。出水水质对总磷有要求时，优先采用生物除磷工艺技术，生物除磷无法满足出水要求时通常辅以化学除磷工艺技术进一步处理总磷。化学除磷工艺技术可分为化学法和物理化学法（表 2-3），其中化学法包括沉淀法、电化学法和结晶法等，物理化学法包括吸附法等（吴梦等，2019）。

表 2-3　化学除磷工艺对比

化学除磷工艺		优点	缺点
化学法	沉淀法（如聚合氯化铝法）	运行可调、稳定性高、适用范围广	需要配置加药系统、产泥量较多、处理费较高
	电化学法（如电解除磷）	操作简单、运行可调、稳定性高、运维周期长	控制不好时出水带颜色，受供电情况影响大
	结晶法（如磷酸铵镁法）	稳定性良好、磷可回收	受 pH 影响较大、处理成本高
物理化学法	吸附法（如活性炭、生物质、金属氧化物等）	装置结构简单、操作控制简单、吸附剂可再生	除磷量较少

沉淀法通过向污水中投加金属盐药剂（铝盐、铁盐、钙盐等），利用金属离子和磷酸根反应生成沉淀去除污水中的磷，是污水处理中较常用的除磷手段。采用沉淀法处理乡村污水时，使用 Al^{3+} 盐［如聚合氯化铝（PAC）］较多，使用氢氧化钙（熟石灰）极少。乡村污水的集中处理可考虑在生化处理中添加药剂同步化学除磷。

磷资源在未来几十年内有枯竭的风险，因此，磷的回收和利用是污水处理领域的热点课题之一（Roy A，2009）。结晶法除磷可以实现污水中磷的回收和资源化利用，其中具有代表性的磷酸铵镁法或鸟粪石法（MAP 法）利用镁盐同污水中的氨根离子和磷酸根离子反应，生成磷酸铵镁沉淀，同时去除污水中的氮磷。目前，结晶法在乡村污水处理中的应用较少，但伴随乡村污水资源化利用相关政策的逐步出台，结晶法将有较为广阔的应用前景（Liu Y et al., 2013）。

乡村生活污水处理厂通常分布比较分散，且缺乏专业运维人员。为减轻污水处理设施的运维难度，近年来，电解除磷工艺得到了较广泛的应用（佐藤吉彦，2013）。电解除磷的原理是以铁、铝等金属作为电极极板，电解时阳极产生金属离子，阴极产生氢气，利用金属离子和磷酸根反应生成沉淀以及氢气的气浮效应等原理去除污水中的磷。当采用双铁板电极并定时切换正负极时，可延长运维周期至 2 ～ 3 个月，极大地方便了运维工作。

吸附法除磷，如活性炭吸附、牡蛎壳等生物质吸附、铁氧化物及水滑石吸附等，主要通过除磷剂的活性基团与污水中的磷发生键合作用达到除磷的目的，具有吸附速率快、除磷过程对环境友好的特点，但也存在饱和吸附量低、运维较复杂的缺点（吴梦等，2019）。近年来，有在处理规模小于 20 m^3/d 的乡村生活污水处理设施上不宜使用化学除磷的建议，因此，吸附法在乡村污水处理方面也将有一定的应用空间。

（6）消毒

当污水处理设施执行的排放标准有细菌指标要求时，出水排放前需要进行消毒。受运行费用和运维管理复杂程度等因素的限制，目前，乡村生活污水处理中常用的消毒方式为氯化消毒和紫外线消毒（曾杰等，2021）。

次氯酸钠（NaClO）消毒主要依靠其水解产物次氯酸（HClO）的强氧化性，破坏细菌、病毒中的蛋白质、核酸等成分达到消毒的目的。需要注意的是，加氯折点前氯被水中的还原性物质消耗或与氨氮反应生成化合氯，需要持续加氯至加氯折点才有游离氯（次氯酸、次氯酸根离子）积累，达到强力的消毒效果。乡村污水处理中通常使用 10% 以上的次氯酸钠溶液，通过计量泵投加到清水池进行消毒（曾杰等，2021）。

二氧化氯（ClO_2）具有强氧化性，溶于水后可以分子形式直接氧化微生物的蛋白质、核酸等成分，是一种高效、环保的消毒剂（任俊智，2005）。乡村污水处理中可以选择固体二氧化氯泡腾片，其有效 ClO_2 含量约为 10%，具有储存、使用方便的特点。使用时通常先将一定量的泡腾片溶解在水中，然后利用隔膜计量泵送入清水池进行消毒（曾杰等，2021）。

紫外线消毒属于物理消毒方法，杀菌效果最佳的波段在 253.7 nm 附近，主要通过破坏及改变微生物中 DNA、RNA 的结构达到杀菌的目的（塩原拓实等，2020）。紫外线消毒具有简单、便捷、高效、无二次污染、便于管理和自动化等优点，但也容易受污水的浊度、SS 以及无机离子（如 Fe^{3+}）的影响。

2020 年全球突发新冠肺炎疫情之后，乡村污水处理的消毒环节受到了广泛关注。曾杰等（2021）指出为应对新冠肺炎疫情，乡村污水处理设施应尽可能采用一体化设备，其独立封闭的处理单元可减少污水与管理人员的接触。针对新冠肺炎疫情期间污水处理设施的运维，《村庄生活污水处理设施运行维护技术规程》（T/CCPITCUDC—003—2021）提出了要求，内容涵盖了化粪池、尾水以及污泥的消毒。当前，新冠肺炎疫情防控防护已常态化，乡村污水处理设施应具备应急防控消毒的处理能力与检测能力，以达到特殊时期的应急监管要求。

2.2.2 化粪池

化粪池是最简单、投资最低的污水处理装置，其概念最早可以追溯到19世纪。1860年法国人Mouras设计了一种进水管和出水管均伸入液面下可以形成水封的新型粪池（张玉等，2021）。"Mouras池"便是现代化粪池的起源，也被认为是厌氧生物处理技术的开端（范彬等，2017）。1895年英国的Cameron和Cummins将改造后的"Mouras池"命名为"化粪池"（septic tank）并申请了专利。1905年，德国人Imhoff在化粪池的基础上提出了两格结构的"Imhoff槽"，强化了固体物质与出水的分离，在世界范围内被逐渐广泛应用于城市排水的初级处理。

化粪池的处理原理主要包括静置分离和厌氧发酵（Kamel M M et al., 2006）。粪污进入化粪池后在重力和浮力的共同作用下逐渐形成浮渣层、中间层和沉渣层（图2-3），池内的厌氧菌在较长的停留时间内对有机物进行分解，生成甲烷、二氧化碳、硫化氢、氨等，实现污水的初步处理。同时，厌氧消化过程中的高氨氮、高pH环境可杀灭寄生虫卵等病原体，实现出水和出渣的无害化处理（范彬等，2017）。经过充分稳定化后，清掏的固体可以作为肥料，中间层的液体可用于农田灌溉或在环境要求不高时直接排放，否则需要进一步处理后排放。

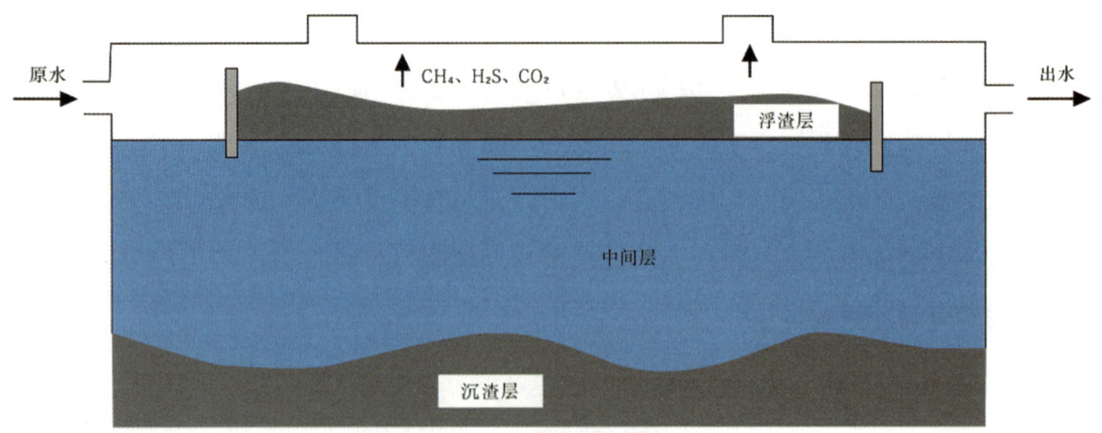

图2-3 化粪池示意图

如今应用广泛的三格化粪池（图 2-4）诞生于中国，在两格化粪池后增加一格用于储存熟化的粪液，在便于取粪的同时不影响化粪池内必要的水力停留时间（张玉等，2021）。三格化粪池具有结构简单、处理效果好的优点，其处理原理与单格化粪池一致。其中粪便在第一格沉淀并被发酵降解；粪液流入第二格进一步发酵；第三格用于贮存无害化的粪液（Cheng S K et al., 2018；郑向群等，2022）。

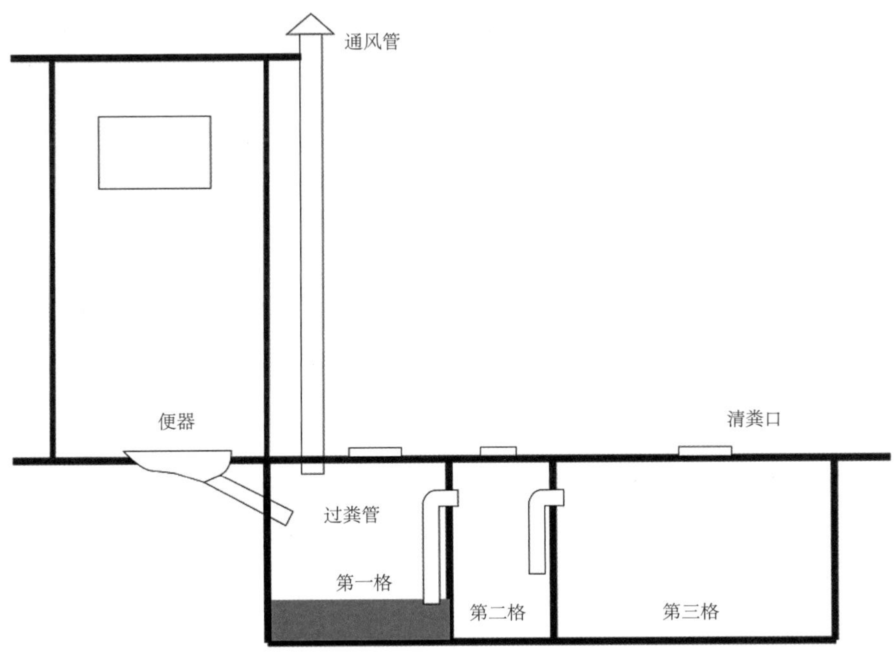

图 2-4　三格化粪池示意图

三格化粪池目前主流的结构有三种：《建筑给水排水设计规范》（GB 50015—2003）中提出的 3∶1∶1 型结构比例、《镇（乡）村排水工程技术规程》（CJJ 124—2008）中提出的 2∶1∶1 型结构比例和《农村户厕卫生规范》（GB 19379—2012）中提出的 2∶1∶3 型结构比例。其中 3∶1∶1 型化粪池停留时间为 12～24 h，主要用于去除生活污水中的固体悬浮物，属于排入城市下水管网前的初级过渡性生活污水处理构筑物（郑向群等，2022）；2∶1∶1 型化粪池停留时间为 24～36 h，功能与 3∶1∶1 型化粪池类似；2∶1∶3 型化粪池停留时间不少于 60 d，主要适用于农村户厕粪污的无害化处理。

化粪池有砖砌或钢筋混凝土化粪池，也有玻璃钢、聚乙烯等预制化粪池，使用时均应注意防渗处理，不得污染地下水和周边环境，同时应注意采取防臭和防爆措施。化粪池宜用于处理厕所污水，但是灰水不能排入，否则难以保证化粪池在设计停留时间下的处理效果，且粪污被生活杂排水稀释后降低了其处理后作为肥料使用的价值（郑向群等，2022）。此外，化粪池应注意及时清掏，清掏周期宜为 3 ～ 12 个月。

化粪池与其他生活污水处理方法相比，具有结构简单、运行简单、节能、投资成本低的特点，但同时需要注意其处理能力有限的问题。其出水宜优先考虑资源化利用，无法资源化利用时应经进一步处理达标后排放。

2.2.3 生物膜法

生物膜法是与活性污泥法并列的一种污水处理技术，主要依靠附着在载体表面的致密生物膜去除污水中的污染物。生物膜由细胞外高分子聚合物（EPS）包裹的微生物组成。EPS 含有多糖、蛋白质等，可以像胶水一样使微生物固定在载体上生长繁衍（张自杰，2015）。污水与生物膜接触时其中的有机污染物等通过扩散作用进入生物膜内，并作为营养物质被微生物摄取、分解，最终使得污水得到净化。这一过程中伴随着微生物的增殖，生物膜的生长、增厚以及老化脱落。

生物膜法具备很多活性污泥法所没有的特点，比如对水质、水量的变化有较强的适应性，管理方便，长世代期的微生物也可以保持在生物膜内增殖，生物种类更丰富，产生的剩余污泥少等，因而适用于中小水量的乡村生活污水处理。

目前，在乡村污水处理中常用的生物膜法包括厌氧生物膜池、生物滤池、生物接触氧化池、生物转盘等。

（1）厌氧生物膜池

乡村地区经济条件有限，无须能耗的厌氧污水处理技术与好氧技术相比优势更为明显。此外，生物膜法具有易于管理、抗冲击负荷能力强以及生物量不易流失等优势，对工艺运行条件控制的依赖性较低，更能满足乡村生活污水处理的实际需求（崔成武等，2021）。厌氧生物膜池结合了厌氧技术与生物膜法，因此十分适用于乡村生活污水的治理。

厌氧生物膜池是装有填料的厌氧反应器，厌氧微生物以生物膜的形式生长在填料表面，污水流经时有机物在生物膜吸附、微生物代谢以及填料截流的共同作用下被去除。厌氧生物膜池中的生化反应是将有机物降解为气体（主要是甲烷和二氧化碳）的厌氧消化过程（图 2-5），可分为 4 个阶段——水解阶段（微生物通过胞外酶把高分子有机物降解为可溶的低分子有机物）、酸化阶段（低分子有机物被分解成挥发性脂肪酸、乙醇、乳酸等）、产乙酸阶段（酸化阶段产物被进一步分解为乙酸、氢气、二氧化碳等）和产甲烷阶段（生成甲烷和新细胞）（Henze M，2008）。该技术可高效去除污水中的有机物，但采用该技术时需要注意采取防爆措施。

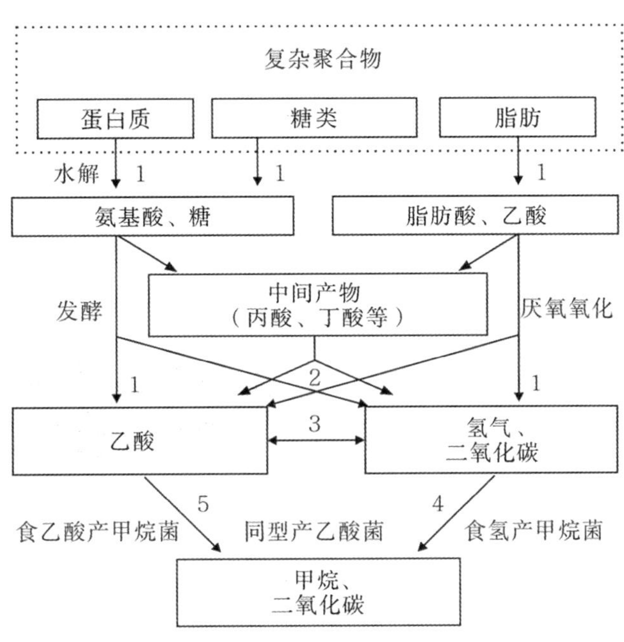

1—水解；2—酸化；3—产乙酸；4、5—产甲烷。

图 2-5 厌氧消化分解有机物流程（Henze M et al., 2008）

载体填料的选择是厌氧生物膜池技术的关键，会直接影响污水的处理效果（张奇誉，2021），在选择填料时应充分考虑其表面性质、生化稳定性、粗糙度、生物毒性及经济适用性等。实际应用工程中，常用的填料有陶瓷类、沸石类、塑料类及活性炭等（Karadag D et al., 2015）。日本合并处理型净化槽的厌氧槽部分采用了厌氧生物膜池技术，常用的填料为聚乙烯（PE）、聚丙烯（PP）等塑料材质，形状多种多样，如网格状圆筒形、网格状平板形、丝瓜纤维状平板形、球形等（表 2-4）。小川浩等在一台合并处理净化槽中对比了多种形状、材质填料的 SS 去除效果，指出 SS 去除率最高的填料组合为网格状平板形（第一厌氧槽）和球形（第二厌氧槽）填料（小川浩等，2002）。

表 2-4　净化槽中常用的厌氧填料

形状	参考图
网格状平板形	
球形	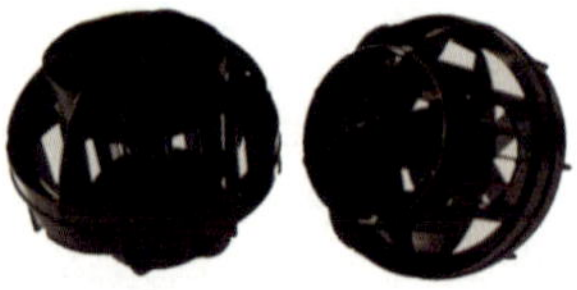
网格状圆筒形	

形状	参考图
丝瓜纤维状平板形	

厌氧处理工艺的反应速率远低于好氧处理工艺，但同时产泥率也远低于好氧处理工艺，可减少的剩余污泥产量高达 90%（Henze M，2008）。实际工程应用中厌氧生物膜池的水力停留时间通常取 2 ～ 5 d，排泥间隔时间通常设定为 3 ～ 12 个月。

综上所述，厌氧生物膜池具备多种优势，但也应注意到其对总氮和总磷的去除率低，处理设施的出水除用于农田灌溉外，应辅以其他工艺进一步去除总氮和总磷。此外，厌氧生物膜工艺技术的生物膜驯化时间长、老旧生物膜的脱落难以控制是限制该技术应用的关键点（Escudié R et al., 2011）。

（2）生物滤池

生物滤池是一种典型的生物膜法技术，是污水处理领域中应用得最早和最广泛的工艺之一，是在污水灌溉的实践基础上，根据土壤自净原理发展而来的（刘宏，2019），至今已有一百余年的历史。生物滤池可分为普通生物滤池（滴滤池）、高负荷生物滤池、塔式生物滤池以及曝气生物滤池等多种不同工艺类型。乡村污水处理中常用的是普通生物滤池。

生物滤池内填充有固定床填料，污水以滴状喷洒的形式自上而下流过填料层，与填料上的生物膜接触而得到净化。生物滤池依靠自然通风供氧，具有运行简易、运行费用低、产泥量少、运行稳定等特点。其基本的工艺流程如图 2-6 所示，原水先在初沉池经过预处理去除悬浮物等可能堵塞填料的污染物后，进入生物滤池处理，再经二沉池截留生物滤池中脱落的生物膜，保证出水水质。此外，进水水质、水量波动大时，应设置调节池。

图 2-6 生物滤池的基本工艺流程

普通生物滤池由池体、填料、布水装置和排水系统四部分组成。目前，常用的填料为聚乙烯、聚苯乙烯、聚酰胺等塑料和碎石等。塑料填料多采用波纹板、多孔筛装板、塑料蜂窝等具有较大比表面积和高空隙率的材料。布水装置可采用固定式或移动式，用于向滤池表面均匀地布洒污水。排水系统设置于池底，用于排水并保证通风，包括渗水装置、集水沟和总排水沟。普通生物滤池的水力负荷宜为 0.1 ～ 0.5 $m^3/(m^2 \cdot h)$。

基于生物滤池运行简易、运行费用低的特点，可将其用于乡村生活污水集中处理。同时需要注意，普通生物滤池存在处理负荷相对较低、占地面积较大、易堵塞、需要反冲洗、水头损失相对较大，并且散发臭味、产生滤池蝇的问题（岳三琳等，2013）。

（3）生物接触氧化池

生物接触氧化的概念最早在 19 世纪末被 Wring 提出（王亮，2015）。生物接触氧化池在生物滤池的基础上发展至今，已成为一种成熟的好氧生物膜污水处理方法，广泛应用于乡村污水、城市污水以及工业污水的处理。

区别于生物滤池，生物接触氧化池的填料完全浸没于污水中，并且需要鼓风曝气供氧，由此生物接触氧化池又被称为“淹没式生物滤池”或“接触曝气法”。生物接触氧化系统由固定床填料及支架、曝气系统、进出水装置、排泥管道和池体构成。在有氧条件下，污水与固着在填料表面的生物膜充分接触，通过微生物降解作用去除污水中的有机物、营养盐等，使污水得到净化。由于进行曝气，系统内溶解氧充足、微生物种类丰富，且曝气可吹脱老旧的生物膜，有利于保持生物膜的活性。该技术具有生物量高（生物膜量可达 8 000～14 000 mg VSS/L）、有机物去除能力强、对冲击负荷的适应能力强、产泥量少、操作简单、运行管理方便等特点（张自杰，2015）。

接触氧化法污水处理工艺可选用悬挂式填料以及固定式填料等，填料的设置方法灵活（图 2-7），常用填料的材质有塑料、玻璃钢、纤维等，形状有蜂窝状、筒状、波纹板状、束状等。接触氧化法工艺有一级接触氧化法和多级接触氧化法，有机物浓度高时可采用二级或多级接触氧化法。接触氧化工艺流程如图 2-8 所示。当处理量小于 5 m^3/d 时，生物接触氧化池的 BOD_5 宜取值为 0.15～0.18 kg/（m^3/d）；当处理量大于 5m^3/d 时，生物接触氧化池的 BOD_5 宜取值为 0.15～0.2 kg/（m^3/d）。

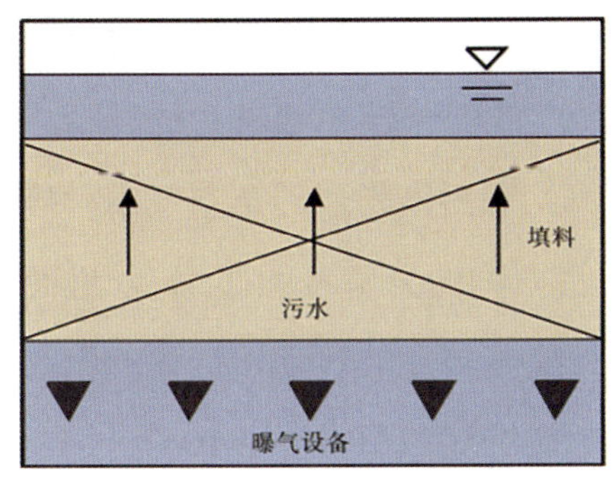

（a）全面曝气

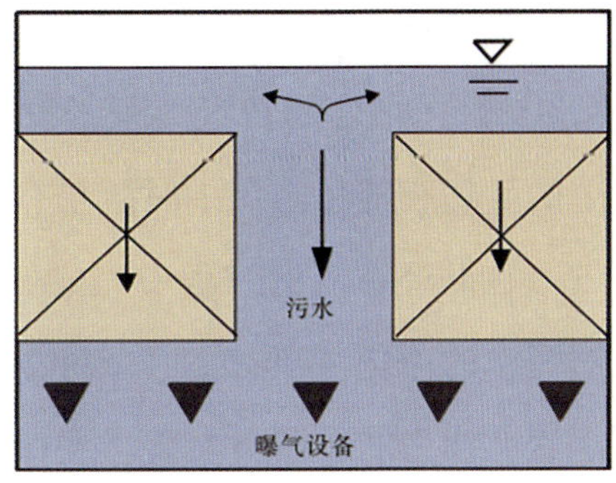

（b）中心曝气

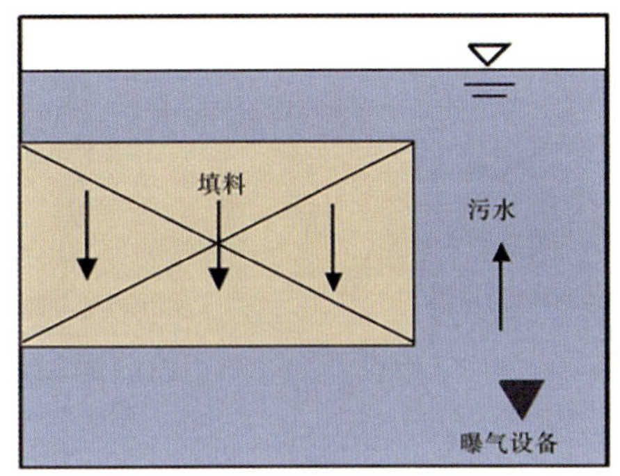

（c）侧面曝气

图 2-7　填料的设置方法（松尾友矩，2015）

图 2-8　接触氧化工艺流程

生物接触氧化池可用于分户污水处理和乡村生活污水集中处理。当有脱氮要求时，应采用缺氧池和好氧池组合工艺。其生物除磷效果较差，有除磷要求时通常需要辅以化学除磷方法。需要注意的是，设计或运行不当易导致填料堵塞、布水布气不均匀等情况发生，进而影响处理效果。

（4）生物转盘

生物转盘的概念诞生于20世纪20年代的德国（Chan R T et al., 1979）。生物转盘是在生物滤池的基础上发展而来的一种典型的生物膜法处理技术，广泛应用于乡村污水、城市污水以及工业废水的处理。

生物转盘由盘片、接触反应池、转轴以及驱动装置等组成，主要依靠附着生物膜的盘片的转动进行污水处理。通常采用多组盘片串于转轴之上，并保持35%～45%的转盘面积浸没于污水中。伴随着转轴和盘片的转动，盘片上的生物膜转至污水中时接触有机物、氨氮等污染物，转至空气中时接触氧气，在循环往复的过程中完成微生物对污染物的分解（图2-9），进而实现对污水的净化（Chan R T et al., 1979）。随着转盘的转动，老化的生物膜在水流剪切力的作用下剥落，并在二沉池中被沉淀截留（图2-10）。

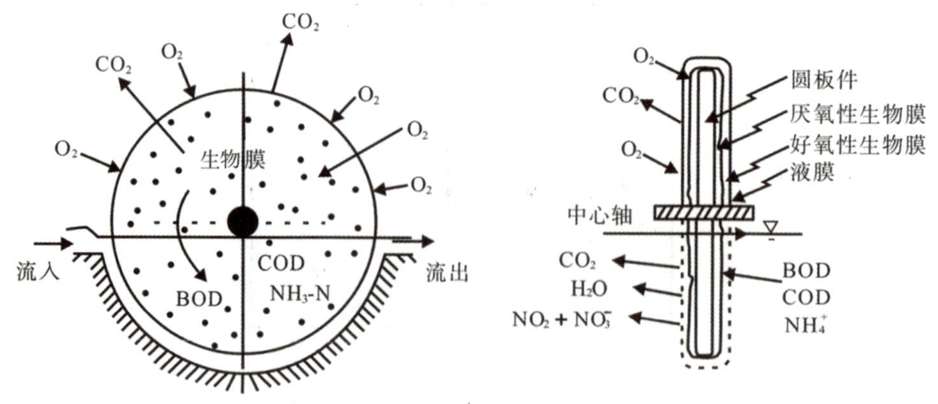

图2-9　生物转盘的污水处理模式示意图（张自杰，2015）

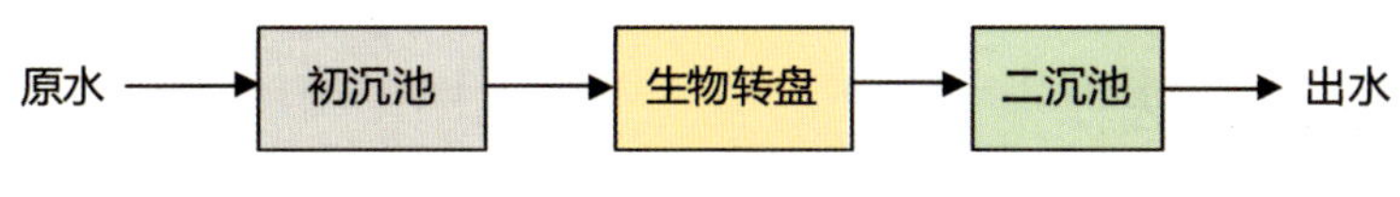

图 2-10　生物转盘工艺流程

生物转盘工艺具有高效、结构简单、易维护、电耗低等优势，且其抗水质冲击负荷能力强（可处理 BOD_5 值为 10 ～ 10 000 mg/L 的污水）、微生物浓度高（可达 50 000 ～ 60 000 mg VSS/L）、微生物种类多、泥龄长、产泥率低（约为活性污泥法的 1/2）、无须曝气和污泥回流（高峰等，2018）。

生物转盘的盘片多为圆形、正多角形等网孔板或波纹板，材质多为聚乙烯或聚酯玻璃钢，具有材质轻、强度大、耐腐蚀、比表面积较大等特点。盘片直径通常为 2 ～ 4 m，盘间距多为 10 ～ 35 mm，转动线速度通常为 15 ～ 18 m/min（张自杰，2015）。乡村集中污水处理宜采用单轴多级生物转盘（图 2-11），且级数不宜小于 3 级。

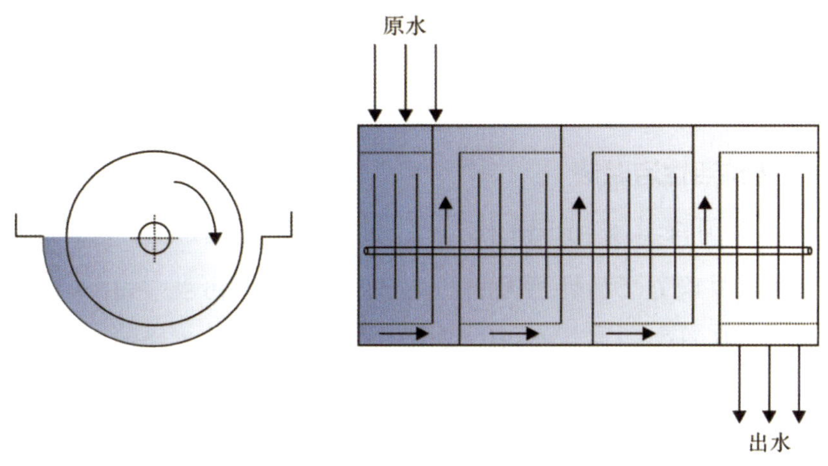

图 2-11　单轴多级生物转盘

生物转盘工艺可用于乡村生活污水集中处理。需要注意的是伴随硝化反应的发生，接触反应池内 pH 有降低的风险。此外，微小的 SS 难以去除，会有处理水透视度偏低的情况发生，也容易伴有散发臭味、苍蝇和蚊虫滋生的问题（松尾友矩，2015）。

2.2.4 活性污泥法

活性污泥法是参照水体自净原理发展而来的，至今已有一百余年的历史，是当前应用最为广泛的一种生物水处理技术。其与生物膜法的区别在于，生物膜法主要依靠附着在填料上的生物膜净化污水，而活性污泥法主要依靠悬浮于污水中、可自由流动的微小"污泥颗粒"（大量微生物和 EPS 形成的絮凝体）净化污水。随着曝气或机械的搅拌作用，活性污泥絮凝体在污水中自由流动并吸附有机物。在好氧环境中，絮凝体中的微生物利用氧气进行好氧代谢，把有机物分解成二氧化碳（CO_2）和水（H_2O），从而完成对污水的净化。同时，此过程中微生物通过获取营养和能量进行繁殖，最终在二沉池中经固液分离被去除。由于活性污泥可以在污水中自由流动，接触污染物和氧气的概率更高，因此与生物膜法相比，活性污泥法的污染物去除效率更高，工艺更灵活多变。

活性污泥法的理论、技术和工艺在近年来持续创新及进化，其变形工艺不仅可以高效降解有机物，而且可以利用微生物同步脱氮除磷。目前，在乡村污水处理中，传统活性污泥法及其变形工艺均得到了广泛应用。

（1）传统活性污泥法

1914 年英国科学家 Ardern 和 Lockett 在英国化学学会上宣告了活性污泥法的诞生，并确立了活性污泥法的基本原理——向污水中通入空气后，污水中生成的固体悬浮物具有净化污水的作用，因此，其不应该被去除，而应在被回收后再回流至污水中积聚起来（Henze M et al., 2008）。

向污水中通入空气（曝气）后，细菌、原生动物、后生动物等生物会利用氧气和污水中的有机物繁殖，聚集形成明胶状的黄褐色絮凝体，即活性污泥。停止曝气后，悬浮的活性污泥迅速沉降，泥水分离后可得到清澈的水。值得注意的是，厌氧处理工艺中的污泥并不能称作活性污泥。

从微生物工程学的角度来说，活性污泥法是指污水中溶解的胶体状、颗粒状的大分子有机物同活性污泥接触后被迅速吸附，活性污泥中的微生物

（以异氧菌为主）利用细胞外酶将有机物小分子化，最终摄入细胞内进行代谢的过程（松尾友矩，2015）。其中，部分有机物（约 50%）经合成代谢成为新合成菌体细胞；另一部分有机物经分解代谢最终生成 CO_2、H_2O 和能量，能量用于维持微生物的生命活动和合成代谢（图 2-12）。

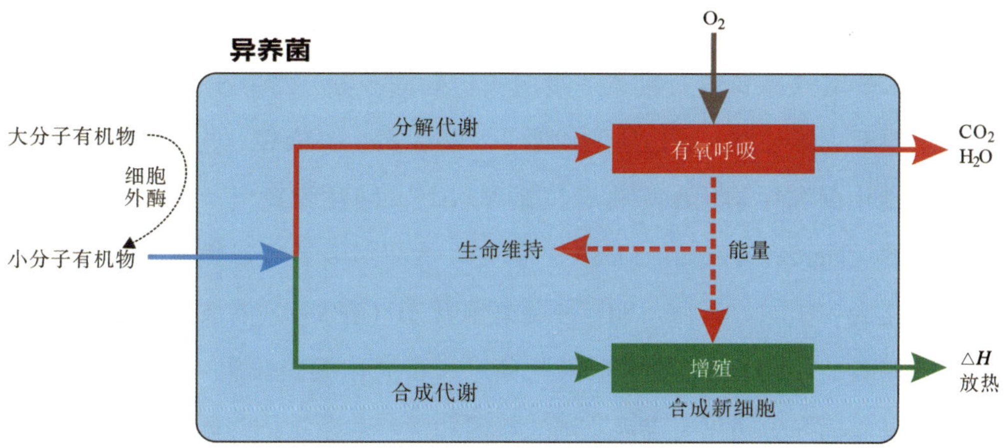

图 2-12　异氧型微生物的代谢反应

传统活性污泥法工艺流程如图 2-13 所示，主要由初沉池、好氧池（O 池）、二沉池、供氧装置以及回流设备等组成。污水经初沉池去除较大颗粒的固体悬浮物后，与从二沉池底部流出的回流污泥混合，流入好氧池中。好氧池为微生物提供好氧代谢所需的氧气，还起到使活性污泥悬浮并使之与污水充分混合的作用，从而提高污染物去除效率。最后，在二沉池完成泥水分离，上层的清水作为处理水排出系统；沉淀的污泥一部分作为回流污泥重新回到好氧池前与新流入的污水混合，另一部分作为剩余污泥排出设备进行处理。至此，完成污水处理的整个过程。乡村污水处理中，活性污泥法的容积负荷通常取 0.1 kg BOD_5/（m^3 · d）。

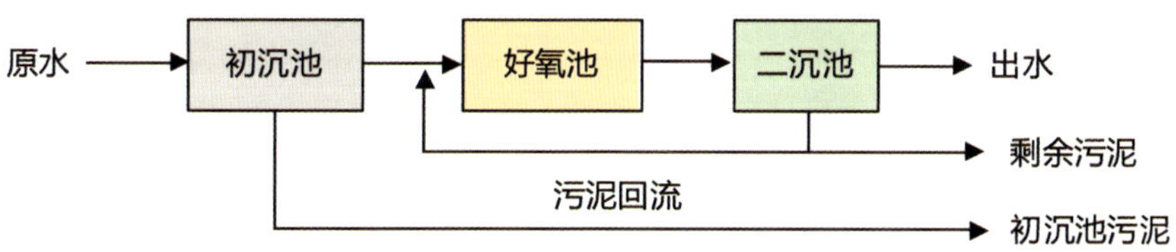

图 2-13　传统活性污泥法工艺流程

（2）A/O 活性污泥法

经过百余年的发展，活性污泥法如今已成为污水处理的主流工艺，具有高效、运行方式灵活、日常运行费用较低的特点，并且发展演化出了很多变种工艺，用于去除污水中的氮（N）及磷（P）元素，以防止受纳水体的富营养化。其中，缺氧 / 好氧活性污泥法（A/O）是典型的生物脱氮工艺。

污水中的氮主要以有机氮（蛋白质、氨基酸等）和 NH_3-N 形式存在，主要来源于人体对摄入蛋白质的代谢。生物脱氮主要依靠一些专性细菌（氨化菌、硝化菌和反硝化菌）将有机氮和 NH_3-N 转化为氮气（N_2），达到脱氮的目的（Henze M et al., 2008）。其中，有机氮需要经过氨化菌的作用，分解转化为 NH_3-N。其后，NH_3-N 在好氧状态（表 2-5）下被亚硝酸盐菌氧化成亚硝酸盐（NO_2^-），再被硝酸盐菌进一步氧化成硝酸盐（NO_3^-）。这两个反应过程统称为硝化反应，亚硝酸盐菌和硝酸盐菌统称为硝化菌。最后，NO_3^- 在缺氧环境（表 2-5）中被反硝化菌利用有机物（电子供体）还原成 N_2 进入大气（反硝化作用）。

表 2-5 厌氧、缺氧、好氧环境的定义以及主要发生的生化反应

	厌氧 A（Anaerobic）	缺氧 A（Anoxic）	好氧 O（Aerobic）
定义	无分子态氧（O_2）、无化合态氧（NO_2^-、NO_3^-）	无分子态氧、有化合态氧	有分子态氧、有化合态氧
运维角度定义	溶解氧（DO）≤ 0.2 mg/L	0.2 mg/L < DO ≤ 0.5 mg/L	DO ≥ 2 mg/L
主要生化反应	去除部分有机物；聚磷菌释磷	去除部分有机物；反硝化反应，去除总氮	去除有机物；硝化反应，去除氨氮；聚磷菌吸磷

以上硝化和反硝化过程结合氮固定即构成传统氮循环过程（图 2-14）。但从工艺角度来讲，可以将 NO_3^- 排除在循环外，如此可以缩短反应过程并节省氧和有机物的投入。已有研究表明，一些微生物可以在微氧条件下利用

NO_2^- 和羟氨（NH_2OH）生成一氧化二氮（N_2O），另外缺氧条件下一些微生物可以将 NO_2^- 转化为 NO。这两种方式也可以将氮元素从液相中去除，但需要注意 NO 的毒性和 N_2O 的强温室效应（N_2O 的强温室效应约是 CO_2 的 310 倍）。相比起来，厌氧氨氧化（Anammox）菌可以在厌氧状态下利用 NH_4^+ 和 NO_2^- 生成 N_2，在缩短氮循环的同时不生成有害副产物，被认为是下一代的生物脱氮技术（Henze M et al., 2008）。

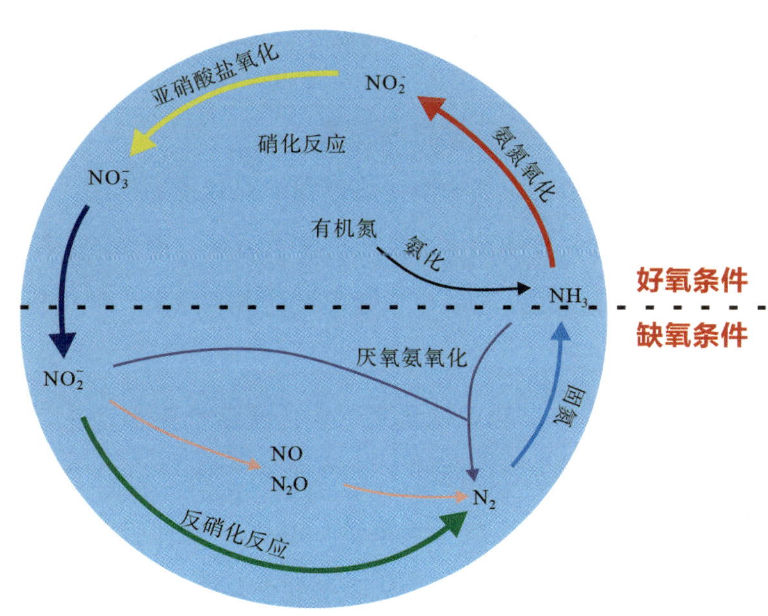

图 2-14　氮循环（Bernhard A，2010）

目前，主流的生物脱氮工艺仍是利用传统氮循环的路线，即在传统活性污泥法 O 池的基础上增加缺氧池（A 池）和硝化液回流系统构成 A/O 活性污泥法（图 2-15）。硝化液回流系统的作用，在于将好氧池出水中的 NO_3^- 回流至缺氧池，进行反硝化脱氮。缺氧池也可设置于好氧池后，但好氧池出水中有机物浓度较低，而反硝化反应需要有机物的参与，因此，缺氧池前置和设置硝化回流系统的做法（图 2-15），可以充分利用原水中的有机物进行反硝化反应。另外，乡村污水处理中也可对传统活性污泥法采取间歇曝气运行模式来实现脱氮，其原理是曝气停止后好氧池内氧气含量（溶解氧）降低，最后可达到缺氧状态（表 2-5），为反硝化菌的脱氮提供条件。

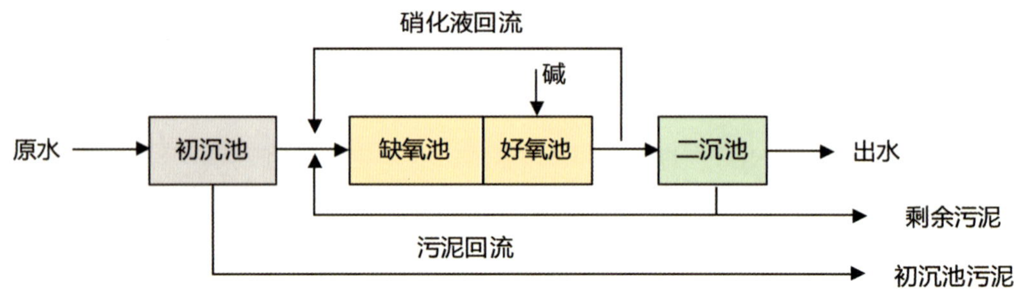

图 2-15 A/O 活性污泥法工艺流程

（3）强化生物除磷与 A^2/O 活性污泥法

磷在细胞构成、代谢反应和物质转化过程中起着重要作用，是有机体生命活动的必要无机元素。生活污水中的磷多来自尿液，而磷的去除可以采用化学方法，通过外投化学物质与磷生成化学沉淀实现除磷，但生物除磷仍是最经济有效的除磷方法。

磷是微生物需求量最多的无机元素。在传统活性污泥法中，微生物的合成代谢可以去除生活污水中 15% ～ 25% 的磷。通过有针对性地优化生化系统的工艺设计和运行，系统中聚磷菌（PAOs）群体吸收磷的量可以超过正常微生物合成代谢所需要的量，从而达到强化生物除磷（Enhanced Biological Phosphorus Removal，EBPR）（图 2-16）的效果。PAOs 体内的磷含量可高达约 0.38 mgP/mgVSS，EBPR 系统中污泥整体的含磷量可以达到 0.06 ～ 0.15 mgP/mgVSS（Henze M et al., 2008），远高于传统活性污泥法的 0.02 ～ 0.03 mgP/mgVSS（松尾友矩，2015）。

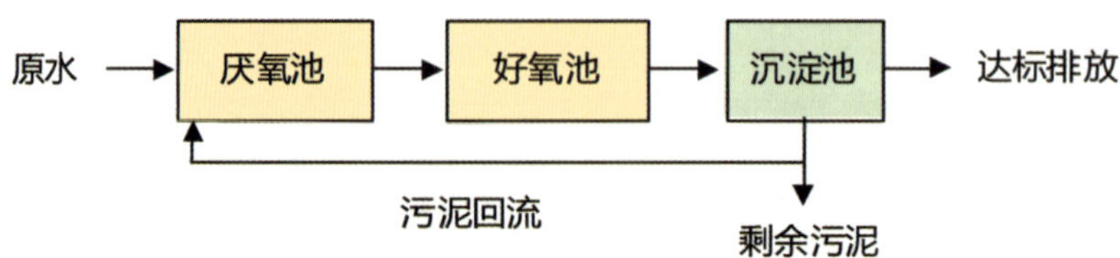

图 2-16 EBPR 系统工艺流程

利用 PAOs 富集磷需要先厌氧后好氧的环境条件，其代谢过程如图 2-17 所示。厌氧环境中，PAOs 利用水解细胞内聚磷酸盐（polyphosphate，Poly-P）产生的能量（ATP）摄取有机物（主要是醋酸等挥发性脂肪酸），最终以聚羟基烷酸酯（PHA）的形式储存于细胞内。Poly-P 属于还原产物，其合成需要的还原力来自细胞内三羧酸循环（TCA 循环）或糖原的降解（Mino T et al., 1984），其中前者被称为 Comeau-Wentzel 模型（Comeau Y et al., 1986），后者被称为 Mino 模型（Mino T et al., 1984）。Poly-P 在水解过程中，伴随正磷酸盐（PO_4^{3-}）的释放（图 2-17，图 2-18）。

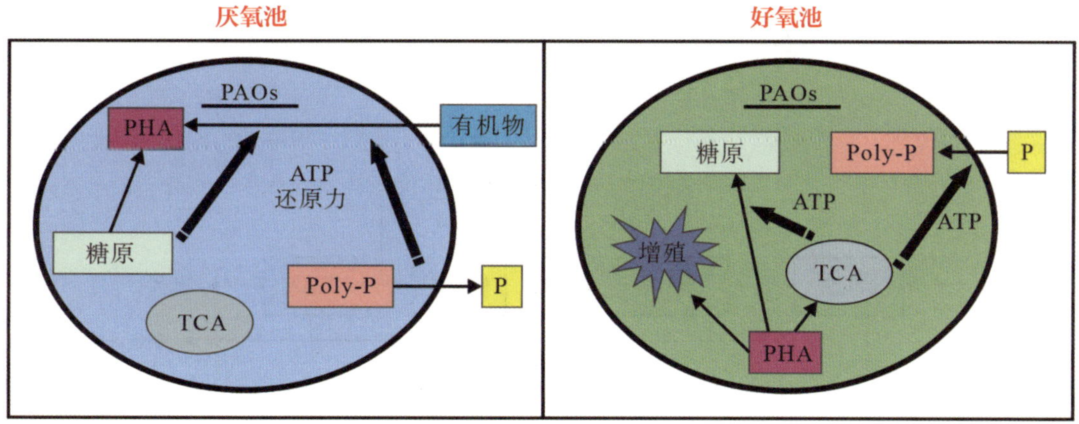

图 2-17　PAOs 的代谢

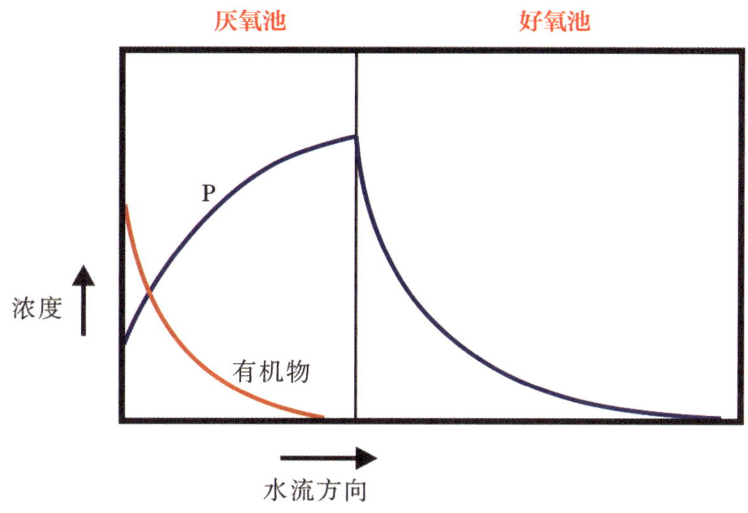

图 2-18　EBPR 系统中有机物和磷的动态

进入好氧环境后，厌氧时储存于 PAOs 细胞内的 PHA 被用于分解代谢和合成代谢，获得的能量用于 Poly-P 或糖原的合成，为进入下一个厌氧环境做准备。其中 Poly-P 的合成需要摄取 PO_4^{3-}（图 2-17，图 2-18）。由于 PAOs 在厌氧环境中储存 PHA，所以，好氧环境中即便没有有机物摄入，PAOs 也可以正常进行代谢。如此，PAOs 在厌氧、好氧环境中会形成优势菌种。

通过在 A/O 工艺中增设一级厌氧池（A）可以得到 A^2/O 活性污泥法工艺（图 2-19）。活性污泥依次流经厌氧和好氧池后，污水中的 P 被污泥中的 PAOs 吸收，富集于污泥中。最后，只需通过二沉池完成泥水分离和剩余污泥的排泥，即完成对污水中 P 的去除，达到同步脱氮除磷的目的。

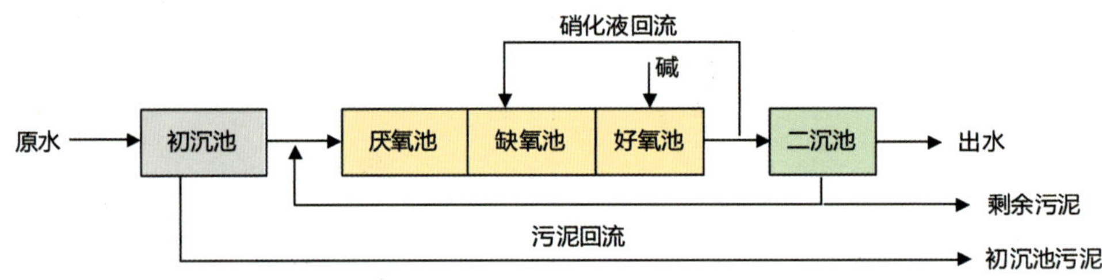

图 2-19　A^2/O 活性污泥法工艺流程

（4）氧化沟

氧化沟又称连续循环式反应器，属于一种延时曝气活性污泥法工艺。最初，这是在荷兰乡村出现的在简单设施上处理奶农废水的工艺，1954 年正式投入工程应用（Thakre S B et al., 2009），如今被广泛用于乡村污水、市政污水的处理。目前，应用较广泛的氧化沟类型主要有 Obral 氧化沟、Carrousel 氧化沟、单沟式氧化沟等。其中，Carrousel 氧化沟是历史最悠久，也是目前在世界上应用最广的氧化沟。

最简单的连续型氧化沟工艺如图 2-20 所示，反应池呈环形并配有二沉池；反应池最初采用简单挖开的沟渠，现今通常采用钢筋混凝土结构。供氧采用机械式曝气装置，不仅可以提供活性污泥处理所需的氧气，还可将活性污泥和污水进行混合搅拌，并推动其以一定的流速在沟内循环，形成介于完全混合与推流之间的独特流态。活性污泥在环形沟内循环的过程中可经历好氧、缺氧的状态，并完成对有机物和总氮的去除。

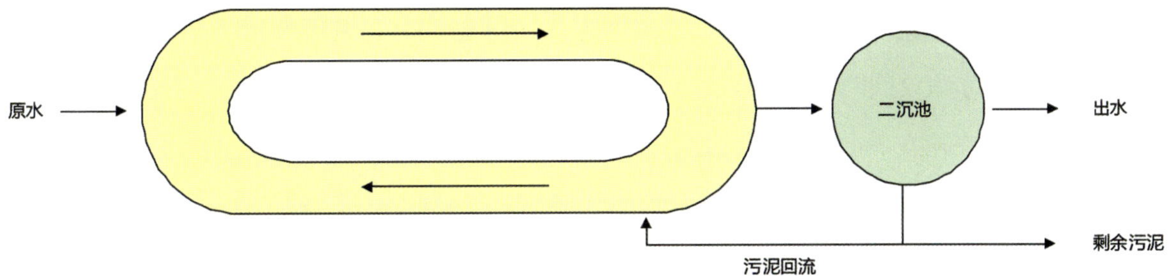

图 2-20　单沟型氧化沟工艺流程

氧化沟可被认为是一个完全混合曝气池，原水一进入就会被几十倍甚至上百倍的流量稀释，对沟中污染物的浓度影响不大，因此，氧化沟具有一定的抗水质水量冲击负荷能力，通常在 0.03 ～ 0.10 $kgBOD_5$ /（kgMLSS・d）的低污泥负荷下运行（艾晨亮等，2018）。此外，氧化沟在低温状态下（5℃左右）仍可维持一定的处理能力。由于氧化沟技术的污泥负荷小，污泥停留时间长，容易进行硝化反应，因此，单沟型氧化沟可采用连续进水间歇曝气运行模式脱氮，通过在环形水路中设置缺氧区，可实现约 70% 的 TN 去除率。

以上传统活性污泥法、A/O 活性污泥法、A^2/O 活性污泥法以及氧化沟均适用于乡村生活污水的集中处理。相较而言，传统活性污泥法、A/O 活性污泥法、A^2/O 活性污泥法对运行要求较高，被称为“运行依赖型”工艺（王洪臣，2018），往往需要专人经常进行工艺检测或维护，因此它们在乡村地区实施的难度较大。此外，这些工艺还存在能耗较大（鼓风机、回流系统等）、抗冲击负荷能力较差、容易发生污泥膨胀、生物除磷不稳定（如雨水混入后）等问题（吉田征史等，2005）。氧化沟工艺的处理流程简洁、工艺稳定可靠、运行维护简单、投资节省，可用于乡村生活污水集中处理。需要留意的是氧化沟通常停留时间较长，池深较浅，需要较大的占地面积。

2.2.5 膜生物反应器

膜生物反应器（MBR）是将膜分离技术和生物处理技术有机结合而成的污水处理工艺。MBR 的概念源于美国，20 世纪 60 年代 Dorr-Oliver 公司建成了世界上第一座 MBR 工艺污水处理厂（14 m^3/d）。其后经过漫长的研发阶段，步入 21 世纪以后随着膜材料技术的发展及能耗成本的降低，MBR 才迎来了快速发展时期（郝晓地等，2018）。如今，该技术已在生活污水、工业废水等领域被广泛采用。

MBR 通过引入膜分离技术取代了传统活性污泥法的二沉池，在兼具活性污泥法优势的同时，极大地提高了固液分离效率、缩小了占地面积、提高了出水水质，其出水可直接用于景观补水及中水回用（Henze M，2008）。MBR 膜组件主要采用微滤膜和超滤膜（图 2-21），形式主要有中空纤维式、平板式和管式；膜材料种类多样，包括聚偏氟乙烯（PVDF）、聚丙烯（PP）、聚氯乙烯（PVC）、聚乙烯（PE）、聚醚砜（PES）和陶瓷膜等（Zhang J et al., 2020）。MBR 主要由生物反应器、膜组件和循环水泵三部分组成（Henze M，2008）。以工艺区分，MBR 可分为浸没式膜生物反应器（IMBR）和分置式膜生物反应器（SMBR）（图 2-22），相较于 SMBR，IMBR 的能耗更低，应用也更为广泛（林爽，2015）。另外，根据反应池内 DO 浓度的高低，MBR 又有厌氧 MBR、兼氧 MBR 和好氧 MBR 工艺的分类。

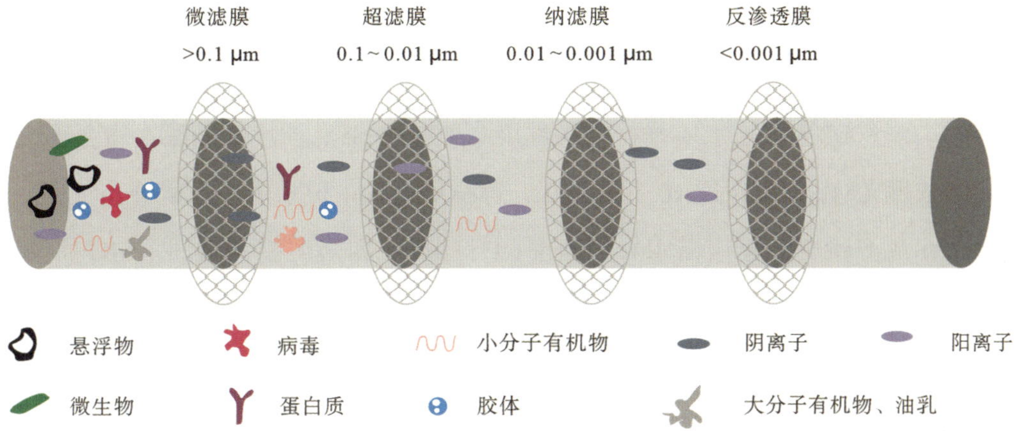

图 2-21　不同膜的分离范围（Patsios S I，et al., 2010）

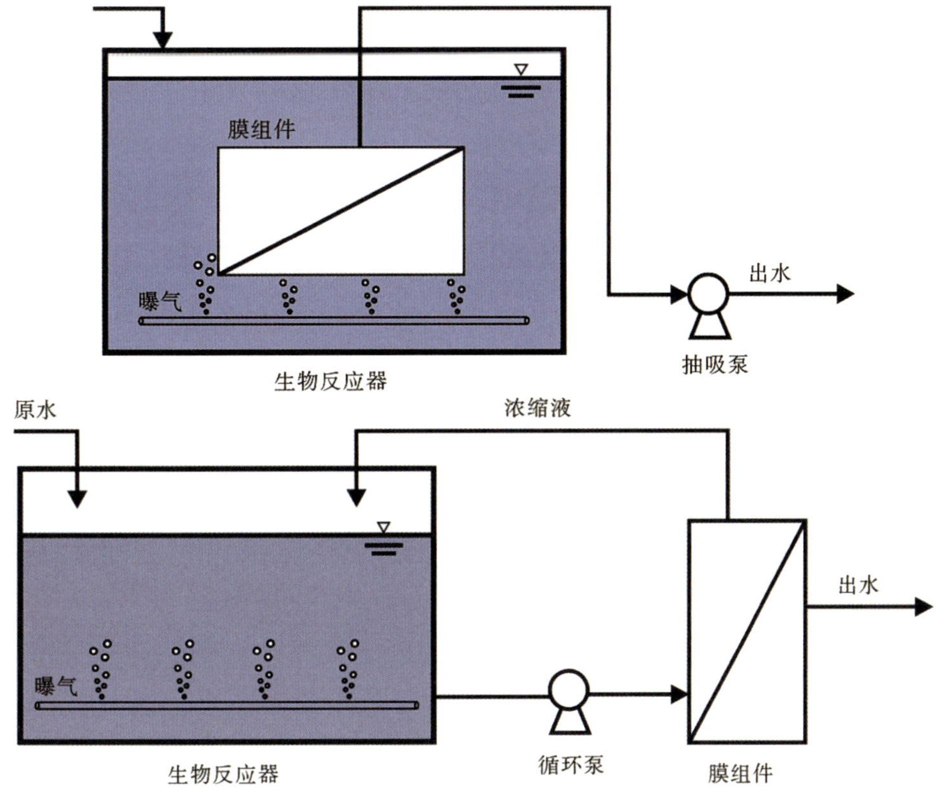

图 2-22　浸没式膜生物反应器（上）和分置式膜生物反应器（下）

MBR 与传统的污水处理工艺相比拥有诸多优点：结构紧凑（占地面积小），由于不需要沉淀池，整个系统的占地面积可缩小为传统活性污泥法面积的 1/5 ～ 1/3；出水水质好，膜组件可高效减少 SS、浊度、细菌、病毒等；污泥浓度（MLSS）高达 10 ～ 20 g/L，容积负荷大，抗水质、水量冲击性强，剩余污泥产量少；反应器水力停留时间（HRT）和污泥停留时间（SRT）完全分离，HRT 可以根据处理效果进行调整，运行控制更加灵活；长 SRT 使硝化细菌等长世代期微生物得以富集，促进氨氮和难降解有机物的去除；无污泥膨胀之虞等（贾胜勇，2016）。其中结构紧凑（占地面积小）、出水水质好为 MBR 的绝对优势。

MBR 运行成本高、易出现膜污染问题等缺点也非常突出。高运行成本主要体现为膜组件昂贵、附属设备多、能耗高。相关研究指出 MBR 的投资成本在 2 000 ～ 5 000 元 /（m^3·d）[均值约 3 800 元 /（m^3·d）]，高出传统活性污泥法加三级过滤组合工艺 10% ～ 30%（Krzeminski P et al., 2012）；能耗方面，加压维持膜通量（膜污染会导致通量下降）和较高的曝气量（缓解膜污染需要增大曝气量）等致使 MBR 的能耗较高，超出传统活性污泥法（约 0.3 kW·h/m^3）的 60% ～ 900%（Sun J Y et al., 2016）。另外，膜污染问题虽然作为 MBR 研究的热点已经积累了大量的科研成果和技术，但却没有从根本上得以解决（Meng F G et al., 2009），为维持正常的过滤通量，依然需要维护性质的在线清洗（1 ～ 3 个月一次）和恢复性质的离线化学清洗（半年至 1 年一次），导致膜寿命的减少，增加运行成本。此外，自动化运行程度高也对运维人员的专业能力提出了更高要求。

MBR 是一项优势突出同时缺点明显的工艺，适用于土地空间受到严格限制、出水排放标准高或有中水回用需要、经济条件允许的乡村生活污水处理。

2.2.6 自然生物处理

自然生物处理是利用自然生态或人工生态功能净化污水的工艺技术。在自然生物处理系统中，主要利用土壤或人工填料的物理、化学作用，自然生物的净化功能，以及水生植物的截流、吸收等作用，综合实现污水的净化。自然生物处理因其净化效率较高、运行维护成本较低、对管理水平的要求不高等优点而被广泛应用。乡村污水处理中常用的有人工湿地和稳定塘。

（1）人工湿地

人工湿地是模拟自然湿地，人为设计建造的由基质（细沙、砾石等）、湿地植物、微生物和水体组成的复合体（李小艳等，2018）。世界上首个用于污水处理的人工湿地在 1903 年建于英国约克郡（胡奇，2011），至今已有一百余年的历史，是一种广泛应用的生活污水处理技术。人工湿地综合了物理、化学和生物处理技术，主要通过一系列过滤、吸附、共沉、离子交换、植物吸收和微生物分解来净化污水（Kadlec R H et al., 2008）。人工湿地按水流特征可分为表面流、水平潜流、垂直潜流三种方式（图 2-23）。

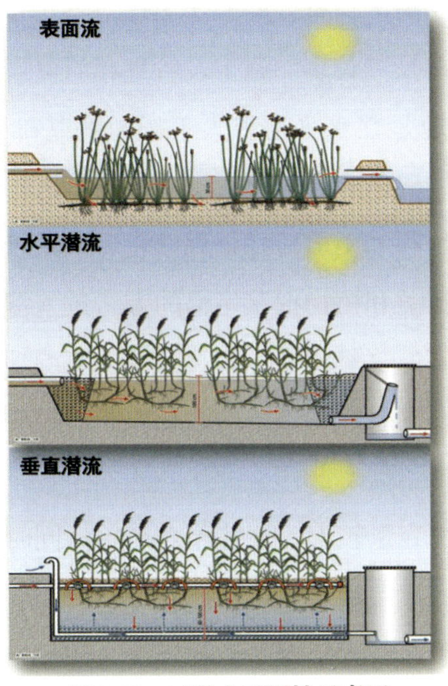

图 2-23　三种人工湿地示意图

表面流人工湿地为开放水域，外观与自然湿地最为接近。其中，种植的植物主要有浮水植物、挺水植物和潜水植物。污水在湿地的表层水平推流式流动，水位较浅，通常为 0.1 ～ 0.3 m，充氧效果好。有机物在流经过程中通过沉降、过滤、氧化、还原和吸附的方式得到去除。表面流人工湿地与自然湿地结构相仿，昆虫、鱼类、鸟类等可将其作为栖息地，因此，它具有良好的生态效益和景观效应，但存在污染物负荷低、夏季易滋生蚊虫、受气温影响显著等缺点（吴海明，2014）。

水平潜流人工湿地是目前世界上最为流行的人工湿地污水处理系统，其特点是以水生植物作为表面植被，以表层土壤和下部碎石作为基质填料，水体自基质床内部以水平渗滤的方式推进。相较于表面流人工湿地，该系统中基质填料的作用得到了充分发挥，污水在流动过程中通过基质表层的生物膜、基质和庞大植物根系的截流、吸附等作用得到净化。此外，根据 Kiehuth 的"根区理论"，植物根系具有良好的释氧能力，可使根系附近形成好氧、缺氧、厌氧的微环境，有利于有机物和总氮的去除（胡奇，2011）。水平潜流人工湿地污染物负荷高，具有良好的保温性，且污水没有暴露在空气中，不易滋生蚊虫，但存在投资较多，施工、管理相对复杂的缺点。

垂直潜流人工湿地是在水平潜流人工湿地的基础上发展而来的工艺技术，兼具水平潜流人工湿地和表面流人工湿地的特点。污水由上往下以垂直流的形式流经湿地植物和基质填料并得到净化。该系统多采用间歇运行的方式，氧气可通过大气扩散和植物根茎运输的方式进入湿地内部，相比于水平潜流人工湿地具有较好的复氧能力。垂直潜流人工湿地具有污染物负荷高、占地面积较小等优点，同时存在投资较多，施工、管理相对复杂，易发生堵塞及蚊虫滋生等问题（王博，2019）。

人工湿地技术缓冲容量较大，工艺相对简单，同时还能起到美化景观的作用。需要注意的是人工湿地通常作为深度处理使用，即污水进入人工湿地前，需采用生物处理工艺技术降低污染物浓度，并且由于占地面积较大，人工湿地适用于土地资源相对丰富的乡村地区。在设计方面，人工湿地宜根据污染物负荷和水力负荷计算（表 2-6）；在运维方面，人工湿地应注意定期清除淤泥。

表 2-6 人工湿地主要设计参数

	表面流人工湿地	水平潜流人工湿地	垂直潜流人工湿地
BOD_5 表面负荷 / [g/（m^2 · d）]	≤ 4.5	≤ 10	≤ 20

（2）稳定塘

稳定塘又称氧化塘或生物塘，是污水池塘经过人工适当修整（设置围堤和防渗层）后主要依靠自然生物净化功能处理污水的生物处理技术（张自杰，2015）。世界上第一个稳定塘系统于 1901 年修建于美国得克萨斯州（Sopper W E，1973）。一百余年的实践证明，稳定塘能够有效地用于生活污水的处理。稳定塘的净化过程与河流的自净过程相似，污水进入稳定塘后缓慢流动，在长时间的贮留过程中经稀释、沉淀、微生物、微型动物（原生动物、后生动物）、藻类和水生植物等综合作用得到净化（曹蓉等，2004）。根据稳定塘中微生物优势群体类型和溶解氧浓度，可将其分为好氧塘、兼氧塘、厌氧塘、曝气塘等（张自杰，2015）。

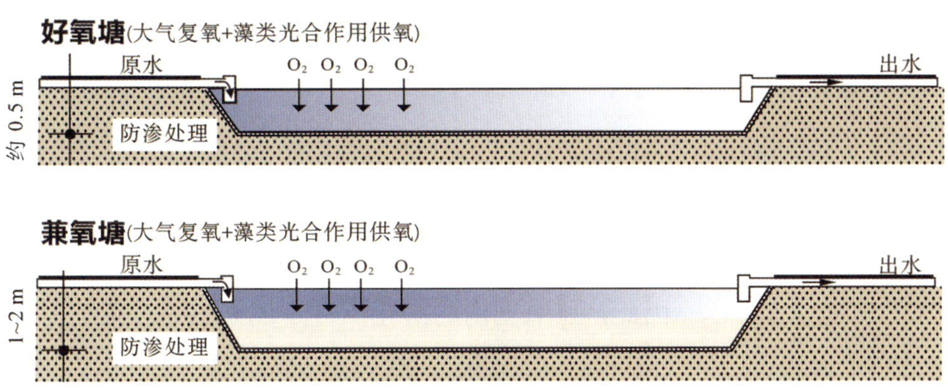

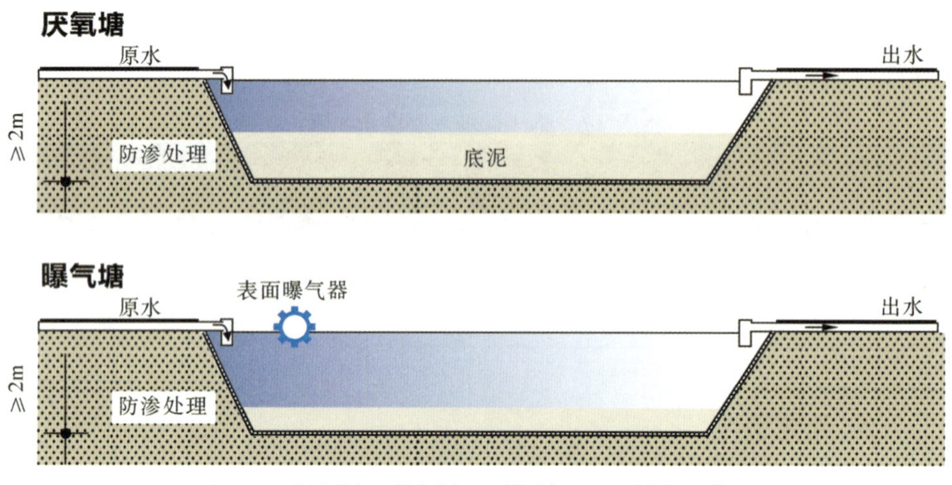

图 2-24　好氧塘、兼氧塘、厌氧塘、曝气塘的示意图

好氧塘一般比较浅，深度在 0.5 m 左右（图 2-24），阳光能透入池底。塘内好氧微生物代谢所需的氧由藻类的光合作用以及水面的大气复氧作用提供，因此，该系统实质上是一种菌藻共生系统：塘内的藻类在阳光的照射下进行光合作用并释放氧气，好氧微生物利用氧气对有机物进行好氧代谢产生 CO_2，藻类又可吸收 CO_2 以及污水中的 NH_4^+ 和 PO_4^{3-} 等营养盐（韩雪，2011）。

兼氧塘是最常见的一种稳定塘（图 2-24，图 2-25）。其水深一般为 1 ～ 2 m，塘内存在好氧区（塘面上层，藻类光合作用显著，溶解氧比较充足）、厌氧区（塘的底部，厌氧微生物对底泥进行厌氧发酵）和介于两者间的兼性区（Mahapatra S et al., 2022）。污水流入塘内后，有机物、NH_4^+ 和 PO_4^{3-} 等污染物在好氧区菌藻共生系统内被去除；在兼性区可以进行反硝化脱氮；污水中的难分解有机物以及衰死的藻类等沉淀于塘底的厌氧区，经厌氧发酵转化为有机酸后，部分扩散至好氧区和兼性区被分解，部分进一步被厌氧分解为甲烷（CH_4）和 CO_2。因此，兼氧塘内的净化反应是多方面的，系统内生物相也更丰富。

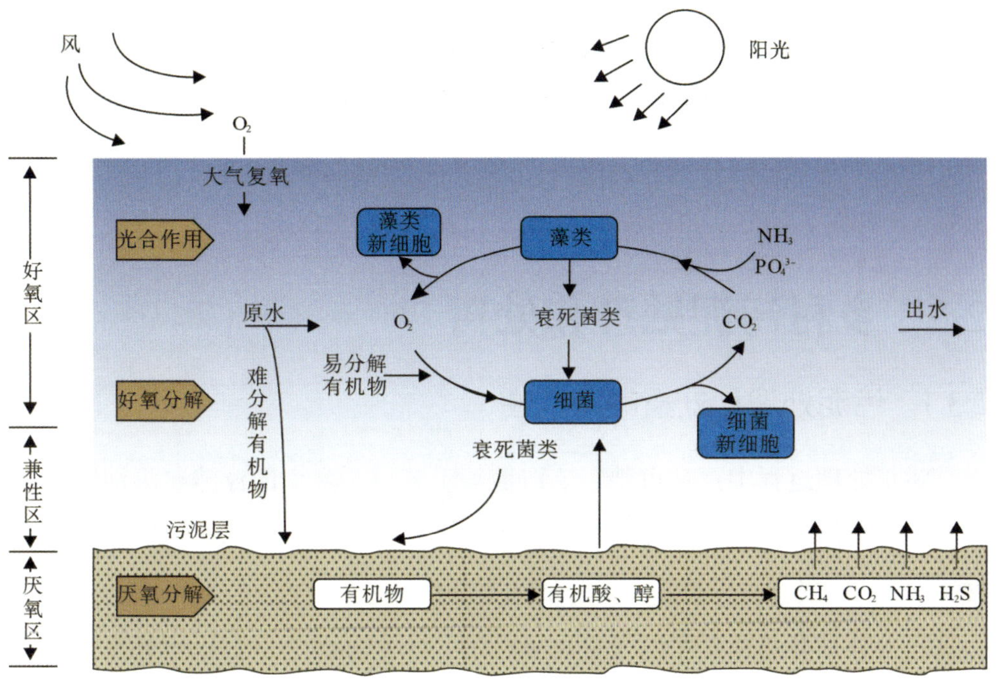

图 2-25　兼氧塘内的物质转化（Tchobanoglous G，Schroeder E，1985）

厌氧塘较深，水深一般在 2 m 以上，整个塘内基本都呈厌氧状态（图 2-24）。其 BOD_5 表面负荷显著高于好氧塘和兼氧塘，可达 20 ～ 40 g/（m^2 · d）。塘内主要进行厌氧发酵，因此净化速度低，污水停留时间长。

曝气塘深度通常在 2 m 以上，由表面曝气器提供氧气，供氧效率高，但在曝气条件下，藻类的生长与光合作用受到抑制。与塘深相似的厌氧塘相比，曝气塘的有机负荷更低；但由于氧气更充分，曝气塘有利于 NH_3-N 的有效去除。

稳定塘特点突出，具有工程简易、基建投资低、运行维护费用低、管理简单、能有效去除污水中的有机物及在一定程度上能够去除营养物质、无须污泥处理等特点，适用于土地资源充足的乡村污水处理。但同时也要注意，稳定塘存在有机负荷低（表 2-7）、占地面积大、环境条件较差，处理效果受气温、光照等影响大的问题。因此，稳定塘常用于生活污水的深度处理。同时，为防止污染地下水，稳定塘底部和四周需要做防渗处理。

表 2-7　稳定塘主要设计参数

稳定塘类型	好氧塘	兼性塘	厌氧塘	曝气塘
BOD_5 表面负荷 [g/（m^2·d）]	1 ～ 3	3 ～ 10	20 ～ 40	5 ～ 40

2.3　乡村污泥处理和处置

2.3.1　污泥处理和处置的重要性

污水处理过程中，初沉池、二沉池等工艺单元产生的浮渣、沉淀物和剩余污泥，统称为污泥。污泥作为污水处理的副产物，很容易被忽略（杭世珺，2004）。

污泥处理并非独立于污水处理的环节。污水处理是将污水中悬浮态、胶体态和溶解态的污染物通过微生物的吸附、代谢作用转化为污泥，从液相中析出的过程。所以，污水处理只是对污水中污染物的一种富集或转化，直至完成污泥的处理和处置，才算形成一个污水处理的闭环。因此，并不应该将污泥的处理和处置从污水处理中剥离。

污泥中除微生物以外，还含有大量有机物、营养盐、病原菌、寄生虫卵、重金属和某些有毒、有害、难降解有机物质等，具有高含水率（99% 以上）、体积大、易腐败、会产生恶臭等特点，如不进行妥善的处理和处置，极易对地下水、土壤等造成二次污染，成为环境安全和公众健康的威胁。

此外，污水处理过程中约有 55% 的 COD、30% ～ 45% 的 N 及 85% ～ 95% 的 P 进入污泥中（中国城镇供水排水协会，2021）。其丰富的有机质可通过厌氧处理得到甲烷生物气（CH_4）、氢气（H_2）等热值较高的燃料，处理后的稳定产物还能用作农田肥料等（戴晓虎，2020），实现处理和处置过程中能量、物质的资源化利用。

基于以上污泥的“污染”和“资源”的双重属性，在乡村污水处理中，污泥处理和处置应得到足够重视。

2.3.2　污泥处理和处置的主要原则和技术选择思路

污泥处理和处置是两个不同的概念。污泥处理一般是指对污泥进行稳定化、减量化和无害化处理的过程，包括浓缩（调理）、脱水、厌氧消化、好氧消化、干化、堆肥（好氧发酵）等。而污泥处置是指对污泥的最终消纳，包括土地利用（农业利用）、填埋、建筑材料利用和焚烧等。

污泥处理处置不只需要高额的建设费用和维护管理费用，设备的操作还需要技术纯熟的技术人员，因此，乡村污水处理的污泥处理处置宜优先与城镇污泥处理处置体系协同处理。难以纳入城镇污泥处理处置体系时，可考虑新建污泥处理设施集中处理。此外，鉴于乡村生活污水分散分布，污泥收集、转运成本昂贵，因此，在乡村生活污水处理中应优先选择污泥产量低的处理技术与工艺。

乡村污水处理设施的污泥处理和处置亦应遵循无害化、减量化、稳定化的原则，同时为实现污水处理的可持续发展，还应遵循资源化原则。特别是乡村污水处理产生的污泥和城镇污泥差别很大，其中重金属含量低，土地利用（包括农业利用、园林绿化、土壤改良等）潜力大。

“一带一路”国家的乡村地区在经济发展水平、处理规模、居民生活习惯、自然气候条件等方面存在非常大的差异，因此，在对污泥处理处置技术的选择方面，要结合各地区自身的特点，综合考虑产业结构、泥质特征、处理规模、环境条件、经济社会发展水平、最终处置方式等因素进行确定，从而达到高水平保护整体环境的目的。

整体上来讲，乡村的污泥处理中，污泥浓缩宜采用重力浓缩，脱水宜优先采用自然干化处理。污泥的最终处置宜优先考虑农田利用或土地利用，并且污泥以园林绿化、农田利用为处置方式时，宜采用厌氧消化或好氧发酵（堆肥）等方式进行稳定化和无害化处理。

此外，污泥及其渗滤液均含有较高浓度的污染物质以及病原菌，一旦发生遗洒、泄漏和渗漏，将会对周边环境、地表水体、地下水体、土壤等产生危害，因此，应避免在贮存、运输过程中发生遗洒、泄漏和渗漏，同时对其渗滤液进行妥善处理。

2.4 "一带一路"国家乡村污水处理的技术选择

2.4.1 乡村污水处理技术选择的主要原则

自 2014 年中国提出"一带一路"倡议以来，中国已经同 147 个国家和 32 个国际组织签署 200 余份共建"一带一路"合作文件，可谓硕果累累。众多"一带一路"国家的气候、地貌、文化、生活习惯、经济状况各有不同，各国的乡村生活污水的水质也千差万别，但总体上乡村污水处理应遵循以下几个原则：

①选择抗冲击负荷能力强、可稳定达标的最简单工艺。乡村的日污水量通常较少，且水量主要分布在早、中、晚三个时段，日变化系数高达 5 ～ 10（王洪臣，2018）。水量、水质大幅度变化的特点，决定了乡村污水治理应优先考虑抗冲击负荷能力强、可稳定达标的最简单的工艺。

②选择无动力或少动力、低运行成本的节能工艺。乡村污水处理设施规模小、单位能耗高，经济状况相对偏弱的乡村地区难以承受高额的运行费用（Zhang J et al., 2020），容易造成污水处理设施投入运行后因缺乏经费而后期不能正常运行的状况。

③选择运行维护简单、周期长、维护量少的工艺。乡村污水站点多、分布广且缺乏污水处理专业人员，因此运行维护简单、不需要设专人经常性进行工艺检测或调节，这点在乡村污水处理中尤其重要（Wang T X，2021）。

④选择利于资源化利用的工艺。污水资源化利用是指污水经无害化处理达到特定水质标准，作为再生水替代常规水资源，用于居民生活、生态补水、农业灌溉等，以及从污水中提取其他资源和能源，对优化供水结构、增

加水资源供给、缓解农业灌溉用水紧张、保障水生态安全等具有重要意义。

⑤因地制宜。乡村污水处理技术选择应深入现场调查，根据受纳水体功能要求，结合乡村地区经济状况、基础设施完备情况、自然环境以及乡村生活用水习惯和用水量、常住人口、气候条件、周边工厂及养殖场排污情况和最终排水去向等，综合确定适合当地的处理技术。

2.4.2　乡村污水处理技术选择思路

基于以上技术选择原则，结合乡村生活污水实际处理需求与条件，采用下列主要技术路线：

①以去除有机物为目的时，污水可经过生物接触氧化单元处理达标后排放或资源化利用。

②以去除有机物为目的时，在有条件布设生态单元的地区，污水可经过厌氧生物膜单元处理后再经自然生物处理单元处理达标后排放或资源化利用。

③以去除 TN 为目的时，污水可经过缺氧和好氧生物单元处理后排放或资源化利用。

④以去除 TN、TP 为目的时，污水可经过缺氧和好氧生物单元处理后再经除磷单元处理后排放或资源化利用。

2.4.3　一体化污水处理

以上介绍了乡村污水处理技术选择的主要原则和思路。在具体的实践中，由于乡村基础设施建设资金短缺，且从业人员的技术水平和管理水平较低，因此，污水处理设施的设置或建设必须符合低投入、高质量、方便运维的要求。 2020 年全球突发新冠肺炎疫情后，乡村污水处理设施更是需要在此基础上考虑设置独立封闭的处理单元以减少污水与管理人员的接触。基于这些特点，目前工艺技术的实现方式上，一体化污水处理逐渐成为主流。

一体化污水处理设备是以生化反应为基础，将预处理、生化、沉淀、消毒、污泥回流等各个功能单元，以及电气部件、仪表部件、管道、自动控制系统、设备间等有机结合在一起，并在工厂组装成型的污水处理组合体（文一波，2016）。其核心的生化单元可采用生物接触氧化法、生物滤池等生物膜法工艺，A/O、A^2/O 等活性污泥法工艺，或两种以上工艺的组合工艺。一体化污水处理装备采用标准化生产，遵循成套化、模块化、自动化的原则，工艺、结构、外观等的设计、试验方法、型式检验等均有相关标准做规范，可保证设备的质量。

一体化的工艺和结构设计使得设施结构紧凑、占地面积小，可有效节约土建成本；标准化的生产确保运行可靠、运维管理简单，运维人员通常经过简单培训后就可以满足日常运行需要。此外，一体化污水处理设备在工厂内组装成型，整装运输，现场土建施工简单，安装调试后即可自动运行，因此，具有建设时间短、建设成本低等优势。近年来，结合智能控制和在线监测技术，极大地方便了运维的同时，也有效地节约了人力成本。这些特点使一体化污水处理特别契合乡村生活污水处理需要，因此，在乡村污水处理中得到了普遍的推广，日益成为乡村污水处理的主流方式。

典型的一体化污水处理设备是日本净化槽。日本合并处理净化槽的主流工艺采用厌氧滤池—接触氧化法的组合工艺。中国从 20 世纪末开始积极引进日本净化槽产品，并在其基础上结合本土乡村地区生活污水的特性开展了一系列本土化的技术与装备研发（王珏，2021）。现今，已成功研发了适用于分户、联户、村庄、乡镇等不同规模的一体化处理技术与装备，在乡村生活污水处理中得到广泛应用，并取得良好效果。

随着越来越多的应用与实践，一体化污水处理技术与装备不断得以革新和发展。近几年在主体工艺的改进、工艺流程的优化组合和填料性能提高等方面的技术研究不断快速发展。未来，在乡村污水处理、分散式污水处理等领域，一体化污水处理将发挥至关重要的作用。

参考文献

艾晨亮 , 崔东亮 , 2018. 氧化沟工艺处理村镇污水研究综述 [J]. 辽宁化工 , 47(6): 533-535.

曹蓉 , 王宝贞 , 高光军 , 2004. 东营生态塘中有机物降解机理的研究 [J]. 河北建筑科技学院学报 , (3): 14-17.

崔成武 , 潘科 , 施国中 , 2021. 厌氧生物膜反应器强化处理农村生活污水研究 [J]. 水处理技术 , 47(6): 104-109.

戴晓虎 , 2020. 我国污泥处理处置现状及发展趋势 [J]. 科学 , 72(6): 4, 30-34.

范彬 , 王洪良 , 张玉 , 等 , 2017. 化粪池技术在分散污水治理中的应用与发展 [J]. 环境工程学报 , 11(3): 1314-1321.

高峰 , 李明 , 2018. 生物转盘工艺在农村污水处理中的应用研究 [J]. 中国资源综合利用 , 36(1): 56-58.

韩雪 , 2011. 稳定塘工艺处理农村生活污水的模拟试验研究 [D]. 哈尔滨 : 东北农业大学 .

杭世珺 , 刘旭东 , 梁鹏 , 2004. 污泥处理处置的认识误区与控制对策 [J]. 中国给水排水 , (12): 89-92.

郝晓地 , 陈峤 , 李季 , 等 , 2018. MBR 工艺全球应用现状及趋势分析 [J]. 中国给水排水 , 34(20): 7-12.

胡奇 , 2011. 生物接触氧化—温室结构潜流人工湿地处理农村生活污水 [D]. 哈尔滨 : 哈尔滨工业大学 .

环境保护部 , 2011. 生物接触氧化法污水处理工程技术规范 : HJ 2009—2011 [S]. 北京 : 中国环境科学出版社 .

贾胜勇 , 2016. 两级 MBR 工艺处理煤气化废水生化出水的效能研究 [D]. 哈尔滨 : 哈尔滨工业大学 .

李鹏峰 , 孙永利 , 隋克俭 , 等 , 2021. 我国农村污水处理现状问题分析及治理模式探讨 [J]. 给水排水 , 57(12): 65-71.

李小艳，丁爱中，郑蕾，等，2018. 1990—2015 年人工湿地在我国污水治理中的应用分析 [J]. 环境工程，36(4) :5, 11-17.

林爽，2015. 城市污水处理厂 MBR 工艺综合评价研究 [D]. 北京：清华大学 .

刘宏，2019. 环保设备——原理·设计·应用（第四版）[M]. 北京：化学工业出版社 .

任俊智，2005. 二氧化氯消毒在污水厂中的应用 [D]. 天津：天津大学 .

上海市市政工程设计研究总院，2008. 镇（乡）村排水工程技术规范：CJJ 124—2008 [S]. 北京：中国建筑工业出版社 .

王博，2019. 复合型人工湿地对黑臭水体的净化性能及其微生物学机制研究 [D]. 哈尔滨：哈尔滨工业大学 .

王洪臣，2018. 探索农村污水治理的中国之路——浅议农村污水治理设施的规划、建设与管理 [J]. 给水排水，54(5): 1-3.

王珏，2021. 净化槽处理农村分散式生活污水的效能研究 [D]. 上海：上海师范大学 .

王亮，2015. "生物滤池 + 生物接触氧化池" 组合工艺处理小城镇生活污水的试验研究 [D]. 重庆：重庆大学 .

文一波，2016. 中国村镇污水处理系统解决方案 [M]. 北京：化学工业出版社 .

吴海明，2014. 人工湿地的碳氮磷循环过程及其环境效应 [D]. 济南：山东大学 .

吴梦，张大超，徐师，等，2019. 废水除磷工艺技术研究进展 [J]. 有色金属科学与工程，10(2): 97-103.

叶美瀛，王平波，刘宇奇，等，2021. 室外真空排水系统及其在我国乡村生活污水治理工程中的应用 [J]. 环境工程技术学报，11(6): 1196-1201.

岳三琳，刘秀红，施春红，等，2013. 生物滤池工艺污水与再生水处理应用与研究进展 [J]. 水处理技术，39(1): 1-6.

曾杰，赵迎新，季民，等，2021. 疫情下农村污水处理设施的风险控制及

消毒措施 [J]. 水资源与水工程学报 , 32(3): 51-57.

张奇誉 , 2021. 基于厌氧生物膜耦合 ABR 化粪池的农村生活污水处理研究 [D]. 郑州 : 华北水利水电大学 .

张玉 , 吕明环 , 徐明杰 , 等 , 2021. 三格化粪池厕所的功能定位及在农村改厕中的应用误区 [J]. 农业资源与环境学报 , 38(2): 215-222.

张自杰 , 2015. 排水工程 , 下册 [M]. 北京 : 中国建筑工业出版社 .

郑向群 , 高艺 , 徐艳 , 等 , 2022. 三格化粪池在我国农村改厕中的应用现状及模式类型 [J]. 农业资源与环境学报 , 39(2): 209-219.

中国城镇供水排水协会 , 2021. 城镇水务 2035 年行业发展规划纲要 [S]. 北京 : 中国建筑工业出版社 .

中国工程建设标准化协会 , 2019. 建筑给水排水设计规范 : GB 50015—2019 [S]. 北京 : 中国建筑工业出版社 .

中华人民共和国住房和城乡建设部 , 2011. 小型生活污水处理成套设备 : CJ/ T 55—2010 [S]. 北京 : 中国标准出版社 .

中华人民共和国住房和城乡建设部 , 国家市场监督管理总局 , 2019. 农村生活污水处理工程技术标准 : GB/T 51347—2019 [S]. 北京 : 中国建筑工业出版社 .

中华人民共和国住房和城乡建设部 , 2009. 城镇污水处理厂污泥处理技术规程 : CJJ 131—2009 [S]. 北京 : 中国建筑工业出版社 .

BERNHARD A, 2010. The nitrogen cycle: processes, players, and human impact [J]. Nature Education Knowledge, 3(10): 25.

CHAN R T, STENSTROM M K, 1979. Use of the rotating biological contactor for appropriate technology wastewater treatment [M]. University of California, Los Angeles: Water Resources Program, School of Engineering and Applied Science.

CHENG S K, LI Z F, UDDIN S M N, et al., 2018. Toilet revolution in China[J]. Journal of Environmental Management, 216: 347-356.

COMEAU Y, HALL K J, HANCOCK R E, et al.,1986. Biochemical model for enhanced biological phosphorus removal [J]. Water Research, 20(12): 1511-1521.

DENG Y H, WHEATLEY A, 2016. Wastewater treatment in Chinese rural areas [J]. Asian Journal of Water, Environment and Pollution, 13(4): 1-11.

ESCUDIÉ R, CRESSON R, DELGENÈS J P, et al., 2011. Control of start-up and operation of anaerobic biofilm reactors: an overview of 15 years of research [J]. Water Research, 45(1): 1-10.

HENZE M, VAN L M C, EKAMA G A, et al., 2008. Biological wastewater treatment [M]. London: IWA.

ISLAM M S, 2017. Comparative evaluation of vacuum sewer and gravity sewer systems [J]. International Journal of System Assurance Engineering and Management, 8(1): 37-53.

KADLEC R H, WALLACE S, 2008. Treatment wetlands, second edition [M]. New York: CRC Press.

KAMEL M M, Hgazy B E, 2006. A septic tank system: on site disposal [J]. Journal of Applied Sciences, 6(10): 2269-2274.

KARADAG D, KÖRO LU O E, OZKaya B, et al., 2015. A review on anaerobic biofilm reactors for the treatment of dairy industry wastewater [J]. Process Biochemistry, 50(2): 262-271.

KRZEMINSKI P, Van der Graaf, JAAP H J M, et al., 2012. Specific energy consumption of membrane bioreactor (MBR) for sewage treatment [J]. Water Science and Technology, 65(2): 380-392.

LIU Y, KUMAR S, KWAG J H, et al., 2013. Magnesium ammonium phosphate formation, recovery and its application as valuable resources: a review [J]. Journal of Chemical Technology & Biotechnology, 88(2): 181-189.

MAHAPATRA S, SAMAL K, DASH R R, 2022. Waste stabilization pond

(WSP) for wastewater treatment: a review on factors, modelling and cost analysis [J]. Journal of Environmental Management, 308: 114668.

MENG F G, CHAE S R, DREWS A, et al., 2009. Recent advances in membrane bioreactors (mbrs): membrane fouling and membrane material [J]. Water Research, 43(6): 1489-1512.

MINO T, LOOSDRECHT M, HEIJNEN J J, 1998. Microbiology and biochemistry of the enhanced biological phosphate removal process [J]. Water Research, 32(11): 3193-3207.

MINO T, MATSUO T, 1984. Principal mechanism of biological phosphate removal. Jpn[J]. Water Pollut. Res, 7: 605-609.

PATSIOS S I, KARABELAS A J, 2010. A review of modeling bioprocesses in membrane bioreactors (MBR) with emphasis on membrane fouling predictions [J]. Desalination and Water Treatment, 21(1-3): 189-201.

Roy A, 2009. The disappearing nutrient [J]. Nature, 462(7272): 404.

SOPPER W E, KARDOS L T, 1973. Recycling tread municipal wastewater and sludge through forest and cropland [M]. University Park, Pennsylvania: Pennsylvania State University Press.

SUN J Y, LIANG P, YAN X X, et al.,2016. Reducing aeration energy consumption in a large-scale membrane bioreactor: process simulation and engineering application [J]. Water Research, 93: 205-213.

TCHOBANOGLOUS G, 1985. Water quality: characteristics, modeling, modification [M]. Addison Wesley Pub. Co.

THAKRE S B, BHUYAR L B, DESHMUKH S J, 2009. Oxidation ditch process using curved blade rotor as aerator [J]. International Journal of Environmental Science & Technology, 6(1): 113-122.

WANG T X, 2021. Study on rural domestic sewage treatment scheme [J]. IOP Conference Series: Earth and Environmental Science, 781(3): 032040.

ZHANG J, XIAO K, HUANG X, 2020. Full-scale MBR applications for leachate treatment in China: practical, technical, and economic features [J]. Journal of Hazardous Materials, 389: 122138.

小川浩 , 岩堀恵祐 , 2002. 小型合併処理浄化槽の嫌気ろ床における浮遊物捕捉と有機物除去の特性評価 [J]. 日本水処理生物学会誌 , 38(2): 69-77.

吉田征史 , 高橋紘平 , 齋藤利晃 , 等 , 2005. 亜硝酸による好気的リン摂取阻害を緩和する脱リン細菌の脱窒能力 [J]. 環境工学研究論文集 , 42: 69-79.

佐藤吉彦 , 2013. 鉄電解リン除去装置を組み込んだ高度処理浄化槽の構造・機能と維持管理（特集 浄化槽等におけるリン除去とリン回収技術）[J]. 浄化槽 , 448: 10-16.

松尾友矩 , 2015. 水環境工学（改訂 2 版）[M]. オーム社 .

塩原拓実 , 蛯江美孝 , 柿木明紘 , 等 , 2020. 浄化槽処理水への UV-LED 適用による衛生指標生物の不活化効果 [J]. 土木学会論文集 G （環境）, 76(7)III_243-III_250.

日本国土交通省 . 令和 2 年度末の汚水処理人口普及状況について（EB/OL）. https://www.env.go.jp/press/109922.html, 2021–8-31/ 2022-5-20.

Part 3

第 3 章　乡村生活污水一体化处理技术

3.1　A^3/O-MBBR 工艺

3.1.1　工艺研发背景

A^2/O 是经典的污水处理工艺，广泛应用于乡村污水处理。A^2/O 工艺具备高效去除有机物、总氮和总磷的优势，但也存在脱氮除磷效果不稳定的缺陷，且不适用于低碳氮比（C/N）与碳磷比（C/P）污水处理。A^2/O 工艺出水总氮不稳定的原因在于反硝化停留时间较短、硝化停留时间长，此外，回流污泥硝态氮影响厌氧环境，导致生物厌氧释磷效果不佳（陈建华等，2019）。受生活习惯的影响，许多乡村污水 C/N 与 C/P 较低，A^2/O 工艺脱氮除磷效率不理想（秦汉强等，2018）。为进一步提高脱氮除磷效率，在厌氧区前增加预脱硝区，形成 A^3/O 工艺。该工艺将污泥回流到预脱硝区，实现硝酸盐的去除同时有利于后端厌氧区维持严格厌氧环境，克服 A^2/O 工艺相关缺陷。

移动床生物膜反应器工艺（Moving Bed Biofilm Reactor，MBBR）是生物接触氧化法的衍生工艺，在反应器中投加悬浮载体，通过悬浮载体上的生物膜实现污染物的高效去除（杨宇星等，2017）。如图 3-1 所示，载体与水的密度接近，在水中呈悬浮状态，为微生物的附着提供生长场所。有利于提高系统中微生物的数量和种类，并对功能微生物具有更好的选择作用，为长世代微生物（硝化菌等）提供富集点位。同时，填料对气泡具有再切割作用，可提高系统中氧的利用率。MBBR 工艺的核心之一在于载体与污水充分混合，常通过曝气或搅拌实现载体的流化状态。

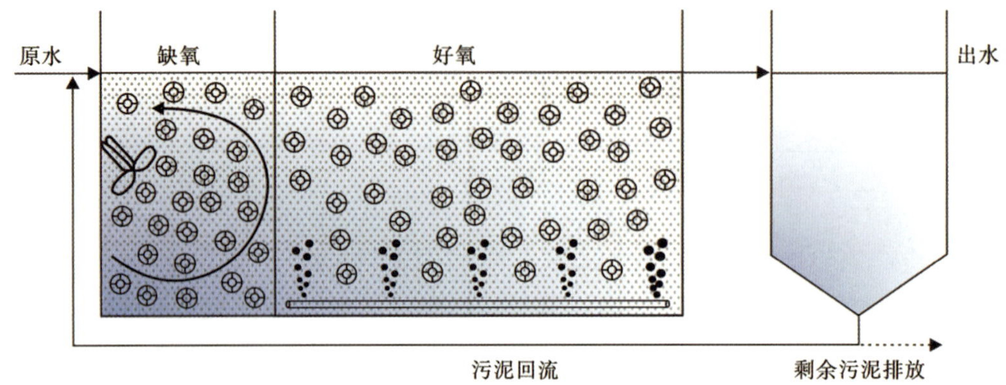

图 3-1　MBBR 工艺流程示意图（周正文等，2021）

A^3/O-MBBR 一体化处理工艺，即“预脱硝—厌氧—缺氧—好氧（MBBR）—沉淀—软性填料过滤”组合工艺。其主要特点在于，在厌氧区前增加预脱硝区、改善后端厌氧环境，在好氧区中投加悬浮填料、提高系统生物量和生物种类、缩短好氧区停留时间。此外，该工艺采用部分沉淀＋软性固定填料过滤组合工艺，可实现 SS 的高效去除。根据入水条件不同，A^3/O-MBBR 可灵活设计为泥膜复合工艺和全生物膜工艺。

3.1.2　工艺流程

A^3/O-MBBR（泥膜复合）一体化处理工艺流程如图 3-2 所示。经过管道收集的生活污水依次流经预脱硝区、厌氧区、缺氧区和好氧区进行生化处理。在预脱硝区中，微生物利用原水中的有机物与回流污泥中的硝态氮发生反硝化反应。在厌氧区中，实现有机物的水解和生物释磷。在缺氧区中，反硝化细菌在溶解氧浓度极低的情况下实现反硝化脱氮，同时，反硝化可提供部分碱度，为后续好氧区中的硝化反应创造有利条件。在好氧区中，优选生物量递增海绵填料，具有污泥浓度高（MLSS 为 10 000 ～ 20 000 mg/L）、容积负荷高、抗冲击负荷能力强、污泥产量低、使用寿命长等优点；填料上与活性污泥中的微生物在有氧条件下分解有机物；有机氮和氨氮发生硝化反应，逐步转化为亚硝酸盐和硝酸盐，硝化液由好氧区气提回流至缺氧区；聚磷菌完成超量摄磷，形成高浓度的含磷污泥。最后，在沉淀区中完成泥水分离，上清液再经软性固定填料过滤、消毒杀菌后达标排放或回用。沉淀区污泥斗中的剩余污泥排入污泥浓缩池，经浓缩、干化后外运处理处置。

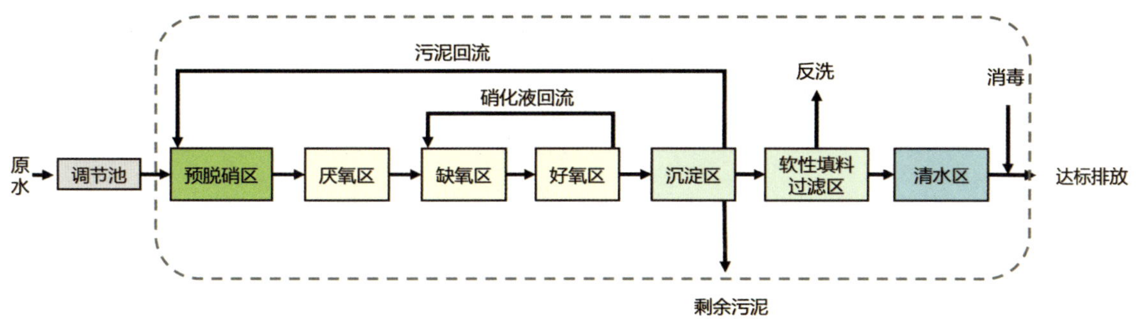

图 3-2　A^3/O-MBBR（泥膜复合）工艺流程

A^3/O-MBBR（全生物膜）一体化处理工艺流程如图 3-3 所示，主要功能区包括缺氧 1 区、缺氧 2 区、缺氧 3 区、好氧区、沉淀区与软性固定填料过滤区等。缺氧区内放置高效固定填料，好氧区内投加优选生物量递增海绵填料。进水浓度较低时，无须悬浮态的活性污泥配合，以全生物膜法工艺运行；处理常规或高浓度污水时，通过投加悬浮态的活性污泥，提高污水处理效率。全生物膜工艺优点在于抗冲击负荷能力强、剩余污泥少、运维简单等，但存在除磷效率低的缺陷，需辅助其他除磷手段（电解除磷、化学除磷等）。

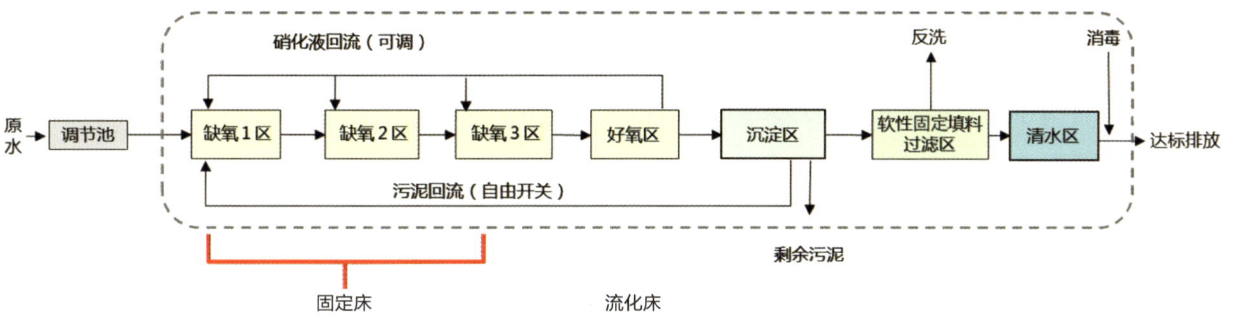

图 3-3　A^3/O-MBBR（全生物膜）一体化处理工艺流程

3.1.3 工艺设计参数

设计水量：30 ～ 500 m^3/d。

A^3/O-MBBR（泥膜复合）工艺设计参数：生化段停留时间：10.4 h；气水比：17 ∶ 1；污泥回流比：100%；硝化液回流比：200%；MLSS：2 000 ～ 3 500 mg/L；好氧区溶解氧：2 ～ 4 mg/L。

A^3/O-MBBR（全生物膜）工艺设计参数：生化段停留时间：12.6 h；气水比：50 ∶ 1 ～ 70 ∶ 1；污泥回流比：100%；硝化液回流比 200% ～ 400%；MLSS：一般小于 1 000 mg/L；好氧区溶解氧：大于 5 mg/L。

A^3/O-MBBR 工艺进出水水质设计参数见表 3-1。

表 3-1 A^3/O-MBBR 工艺进出水水质设计参数

	COD_{Cr}/（mg/L）	BOD_5/（mg/L）	NH_3-N/（mg/L）	TN/（mg/L）	TP/（mg/L）	SS/（mg/L）	pH
进水水质（泥膜复合）	400	200	40	50	5	200	6 ～ 9
进水水质（全生物膜）	200	100	25	30	3	200	6 ～ 9
出水水质	50	10	5（8）	15	0.5	10	6 ～ 9

注：括号外数值为水温＞ 12℃时的控制指标，括号内数值为水温≤ 12℃时的控制指标。

3.1.4 工艺特点

①脱氮除磷效果突出，出水稳定。

②缺氧区碳源投加少，运行成本低。

③好氧区停留时间大幅削减、节约占地、降低能耗。

④软性固定填料过滤无须过滤泵与反洗泵，降低能耗。

⑤可有效规避污泥膨胀风险。

⑥系统内形成完整食物链，有效实现污泥减容。

⑦抗冲击负荷能力强，填料使用寿命长。

3.1.5　工艺适用范围

A^3/O-MBBR（泥膜复合）工艺可广泛应用于乡村污水处理，无市政管网景区生活污水处理，学校、医院、客栈等区域的分散型生活污水处理，黑臭水体控源截污等；尤其适用于氮磷排放标准严格地区、低 C/N 和低 C/P 污水处理。A^3/O-MBBR（全生物膜）工艺主要适用于低浓度生活污水处理。

3.1.6　运维要点

① A^3/O-MBBR（泥膜复合）工艺分配部分原水（总原水进水量的 70% ～ 95%）进入厌氧区，可将总氮去除率及总磷去除率提高 5% ～ 10%。

② A^3/O-MBBR（泥膜复合）工艺冬季运行时，可适当提高系统内的 MLSS。

③ A^3/O-MBBR（全生物膜）工艺应避免缺氧区发生短流现象。

④在缺氧区 / 厌氧区设置间歇曝气，防止污泥沉降、避免生物膜过厚，并定期检查是否正常运行。

⑤应检查好氧区填料有无堆积、破损、非功能性生物过量负载。

⑥所选生物量递增海绵填料，5 年内无须更换，5 年后需每两年补充 5%。

⑦好氧区末端的填料拦网应保持通畅，必要时 15 ～ 30 d 清理一次。

⑧根据工况，不定期清洗清水池，通常为 30 ～ 60 d。

3.2　改良 Bardenpho-MBBR 工艺

3.2.1　工艺研发背景

Bardenpho 工艺是一种高效同步脱氮的经典工艺（图 3-4）。该工艺在

A/O 工艺的基础上增设了一个缺氧段和好氧段，所以，该工艺又称四段强化脱氮工艺。Bardenpho 工艺的主要优势在于脱氮效率高。第一缺氧池进水中碳源丰富，具有较高的反硝化效率。在第二缺氧池中，反硝化菌主要通过内源呼吸作用，以细胞内碳源进行反硝化，进一步提高反硝化效果。Bardenpho 工艺的缺陷在于除磷效果较弱。因此，为提高系统除磷效率，在第一缺氧池前增加一个厌氧区，形成改良 Bardenpho 工艺（图 3-5）。

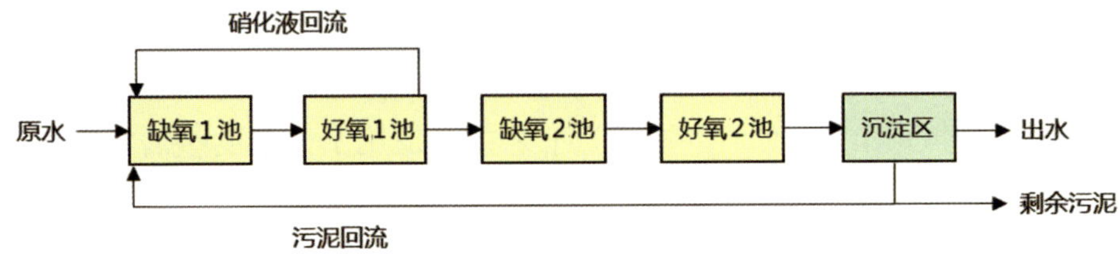

图 3-4 Bardenpho 工艺流程（王延萍，2019）

改良 Bardenpho-MBBR 一体化处理工艺是"厌氧—缺氧—好氧（MBBR）—厌氧—缺氧—沉淀—软性固定填料过滤"组合工艺。该工艺结合了改良 Bardenpho 工艺和 MBBR 工艺的优势。其主要特点在于抗冲击力强、TN 负荷高、综合处理性能突出、出水水质好，可达地表水环境质量标准。

3.2.2 工艺流程

改良 Bardenpho-MBBR 一体化处理工艺流程如图 3-5 所示。经管道收集的生活污水依次流经厌氧区、缺氧 1 区、好氧 1 区、缺氧 2 区和好氧 2 区进行生化处理后，在沉淀区中完成泥水分离，上清液再经软性固定填料过滤、消毒杀菌后达标排放或回用。沉淀区污泥斗中的剩余污泥排入污泥浓缩池，经浓缩、干化后外运处理处置。

各生化处理区的主要作用机制：

①厌氧区的主要作用在于利用聚磷菌分解有机物并进行释磷；在严格厌氧环境下，聚磷菌释放磷的效率大大提高，并提高污水的可生化性，有利于后续的好氧处理。

②缺氧 1 区中微生物利用水中的有机物和回流硝化液中的硝态氮发生反硝化反应，实现高效脱氮；同时，反硝化可提供部分碱度，为后续的好氧区硝化提供有利条件。

③在好氧 1 区中，优选生物量递增海绵填料，具有 MLSS 高（MLSS 为 10 000 ～ 20 000 mg/L）、容积负荷高、抗冲击负荷能力强、污泥产量低、使用寿命长等优点；填料上与活性污泥中的微生物在有氧条件下分解有机物；有机氮和氨氮发生硝化反应，逐步转化为亚硝酸盐和硝酸盐，硝化液由好氧区气提回流至缺氧池；聚磷菌完成超量摄磷，形成高浓度的含磷污泥。

④缺氧 2 区的主要作用是利用外部投加碳源或分流进水提供的碳源，将好氧 1 区出水中所含的硝酸盐氮进行反硝化反应，进一步提高系统的脱氮效率。

⑤好氧 2 区的主要作用在于去除缺氧 2 区出水中残留的有机物、氨氮、附着于污泥絮体上的微细气泡。

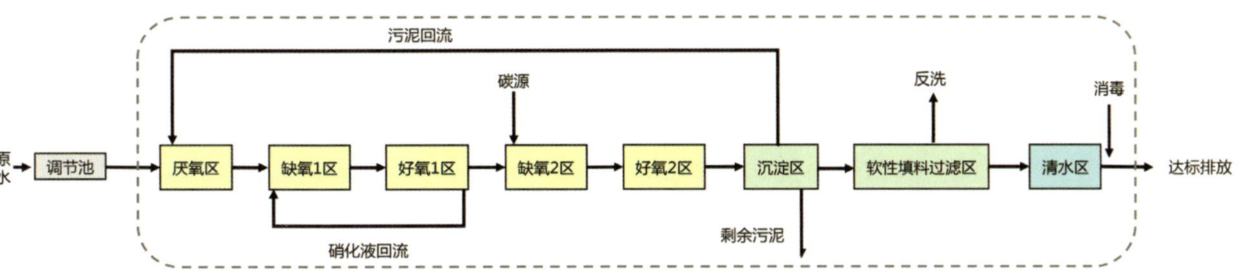

图 3-5　改良 Bardenpho-MBBR 一体化处理工艺流程

3.2.3　工艺设计参数

设计水量：50 ～ 500 m^3/d。

工艺设计参数：生化段停留时间：12.6 h；气水比：25 ∶ 1 ～ 30 ∶ 1；混合液回流比：150% ～ 200%；污泥回流比：50% ～ 100%；MLSS：2 500 ～ 5 000 mg/L。

改良 Bardenpho-MBBR 工艺进出水水质设计参数见表 3-2。

表 3-2 改良 Bardenpho-MBBR 工艺进出水水质设计参数

水质指标	COD_{Cr}/（mg/L）	BOD_5/（mg/L）	NH_3-N/（mg/L）	TN/（mg/L）	TP/（mg/L）	SS/（mg/L）	pH
进水水质	400	200	45	50	5	250	6～9
出水水质	30	6	1.5（2.5）	15	0.3	10	6～9

注：括号外数值为水温＞12℃时的控制指标，括号内数值为水温≤12℃时的控制指标。

3.2.4 工艺特点

①总氮负荷高、综合水处理效果突出、出水稳定且水质好。

②结合分段进水，缺氧区碳源投加减少，运行成本降低。

③好氧区停留时间大幅削减、节约占地、降低能耗。

④软性固定填料过滤无须过滤泵与反洗泵，降低能耗。

⑤可有效规避污泥膨胀风险。

⑥系统内形成完整食物链，有效实现污泥减容。

⑦抗冲击负荷能力强、填料使用寿命长。

3.2.5 工艺适用范围

改良 Bardenpho-MBBR 一体化处理工艺适用于环境敏感区域的乡村污水处理，无市政管网景区生活污水处理，学校、医院、客栈等区域的分散型生活污水处理，黑臭水体控源截污等；尤其适用于氮负荷高（TN ≤ 70 mg/L）的生活污水处理。

3.2.6 运维要点

①分配部分原水进入缺氧 2 区，可降低外加碳源量，节约运维成本。

②冬季运行时，可适当提高系统内的 MLSS。

③在厌氧区 / 缺氧区设置间歇曝气，防止污泥沉降，并定期检查是否正常运行。

④应检查好氧 1 区填料有无堆积、破损、非功能性生物过量负载。

⑤好氧 1 区末端的填料拦网应保持通畅，必要时 15 ～ 30 d 清理一次。

⑥所选生物量递增海绵填料，5 年内无须更换，5 年后需每两年补充 5%。

⑦缺氧 2 区投加碳源时，系统污泥增长速度较快，日排泥量需增大。

⑧根据工况，不定期清洗清水池，通常为 30 ～ 60 d。

3.3　多级多段 A/O-MBBR 工艺

3.3.1　工艺研发背景

传统 A/O、A^2/O 工艺的脱氮效率受硝化液回流比的限制，TN 理论去除率最高达 70%，不适用于总氮浓度高的乡村生活污水处理。分段进水多级多段 A/O 工艺（以下简称多级多段 A/O 工艺）是活性污泥法的单级单段 A/O 工艺的衍生工艺，在典型 A/O 工艺的基础上增设 2 段 A/O 工艺（刘胜军等，2012），TN 理论去除率最高可提升至 78%（在无硝化液回流的前提下）。多级多段 A/O 工艺可有效提高系统总氮去除率，适用于总氮浓度高的乡村生活污水处理，但多级多段 A/O 工艺在硝化速率、池容、出水 SS 浓度等方面仍有较大提升空间。

多级多段 A/O-MBBR 一体化工艺，即“缺氧 1 区—好氧 1 区（MBBR）—缺氧 2 区—好氧 2 区（MBBR）—缺氧 3 区—好氧 3 区（MBBR）—沉淀—软性固定填料过滤”组合工艺。其主要特点在于：在多级多段 A/O 工艺基础上，每个好氧区投加优选生物量递增海绵填料，结合 MBBR 工艺优势，增加硝化和脱氮效率，提升系统综合水处理效率。

3.3.2 工艺流程

多级多段 A/O-MBBR 一体化工艺流程如图 3-6 所示。经管道收集的生活污水分段流经缺氧 1 区、好氧 1 区、缺氧 2 区、好氧 2 区、缺氧 3 区、好氧 3 区，进行生化处理后在沉淀区中完成泥水分离，上清液再经软性固定填料过滤、消毒杀菌后达标排放或回用。沉淀区污泥斗中的剩余污泥排入污泥浓缩池，经浓缩、干化后外运处理处置。

各生化处理区的主要作用机制：

①缺氧 1 区中，微生物利用水中的有机物和回流混合液中的硝态氮发生反硝化反应，实现高效脱氮；同时，反硝化可提供部分碱度，为后续的好氧区硝化提供有利条件。

②缺氧 2 区中，利用分段进水提供的碳源，将好氧 1 区出水中生成的硝酸盐氮进行反硝化。

③缺氧 3 区中，利用分段进水提供的碳源，将好氧 2 区出水中生成的硝酸盐氮进行反硝化。

④好氧 1 区、好氧 2 区、好氧 3 区中，优选生物量递增海绵填料上与活性污泥中的微生物在有氧条件下分解有机物；有机氮和氨氮发生硝化反应，逐步转化为亚硝酸盐和硝酸盐。

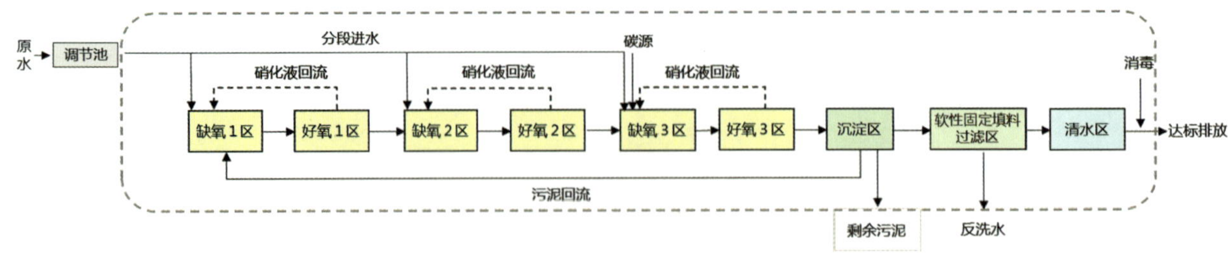

图 3-6 多级多段 A/O-MBBR 一体化工艺流程

3.3.3 工艺设计参数

设计水量：50 ～ 500 m^3/d。

工艺设计参数：生化段停留时间：20.4 h；气水比：20 ∶ 1 ～ 30 ∶ 1；硝化液回流比：50 ～ 100%；污泥回流比：50 ～ 100%；MLSS：2 500 ～ 5 000 mg/L。

多级多段 A/O-MBBR 进出水水质设计参数见表 3-3。

表 3-3　多级多段 A/O-MBBR 工艺进出水水质设计参数

水质指标	COD_{Cr}/（mg/L）	BOD_5/（mg/L）	NH_3-N/（mg/L）	TN/（mg/L）	TP/（mg/L）	SS/（mg/L）	pH
进水水质	500	300	80	100	5	200	6 ～ 9
出水水质	50	20	5（≤ 8）	15	0.5	10	6 ～ 9

注：括号外数值为水温＞ 12℃时的控制指标，括号内数值为水温≤ 12℃时的控制指标。

3.3.4　工艺特点

①总氮去除效率高、出水稳定且水质好。

②系统池容小，与多级单段 A/O 系统比占地可减少约 25%。

③采用等量分段进水，可减少缺氧区碳源投加量，运行成本降低。

④好氧区停留时间大幅削减、节约占地、降低能耗。

⑤每段 A/O 硝化液回流可进一步提高总氮去除率，最高可达 90%。

⑥软性固定填料过滤无须过滤泵与反洗泵，降低能耗。

⑦可有效规避污泥膨胀风险。

⑧系统内形成完整食物链，有效实现污泥减容。

⑨抗冲击负荷能力强，填料使用寿命长。

3.3.5　工艺适用范围

多级多段 A/O-MBBR 工艺可用于进水总氮浓度较高（TN ≤ 100 mg/L）乡村生活污水的处理，高速公路服务区、部分公厕、景区景点等地区的分散型污水处理。

3.3.6 运维要点

①可根据进水灵活调整硝化液回流比（0 ～ 100%），节省运行能耗及维护费用。

②C/N 不足时应投加碳源，使 C/N 控制在 4 ： 1 ～ 6 ： 1。

③冬季运行时，可适当提高系统内的 MLSS。

④在缺氧区设置间歇曝气，防止污泥沉降，并定期检查是否正常运行。

⑤应检查好氧区填料有无堆积、破损、非功能性生物过量负载。

⑥好氧区末端的填料拦网应保持通畅，必要时 15 ～ 30 d 清理一次。

⑦所选生物量递增海绵填料，5 年内无须更换，5 年后需每两年补充 5%。

⑧根据工况，不定期清洗清水池，通常为 30 ～ 60 d。

3.4 多级 A/O 生物接触氧化工艺

3.4.1 工艺研发背景

A/O 活性污泥法以工艺简单、能同时脱氮除碳、处理效率高等优点成为主流的污水处理工艺之一。但其抗水质、水量冲击负荷能力差，剩余污泥产量高（杜振忠等，2017），且乡村生活污水处理缺乏专业运维管理。为改善 A/O 工艺在乡村生活污水处理的"水土不服"，开发了基于生物膜法的多级 A/O 工艺（多级 A/O 生物接触氧化工艺）。

该工艺核心是利用生态学中的种群优势（biotic population）理论（雪宸，2020），在传统 A/O 工艺的基础上，对 A 段和 O 段分别进行多级化细分，并在缺氧区和好氧区分别投加缺氧填料和好氧填料，形成多级的缺氧区（A_1、A_2、A_3）和好氧区（O_1、O_2、O_3）。多级缺氧区采用固定床形式，多级好氧区可采用固定床或流化床（MBBR）工艺。该工艺使各区的优势菌种更加突出，并通过填料上的生物膜丰富系统内菌种，提升系统的抗水质、水量冲击能力。

3.4.2　工艺流程

多级 A/O 生物接触氧化一体化处理工艺流程如图 3-7 所示。生活污水经收集后依次流入预处理单元（固液分离池）、多级缺氧区、多级好氧区，经软性固定填料过滤后达标排放。

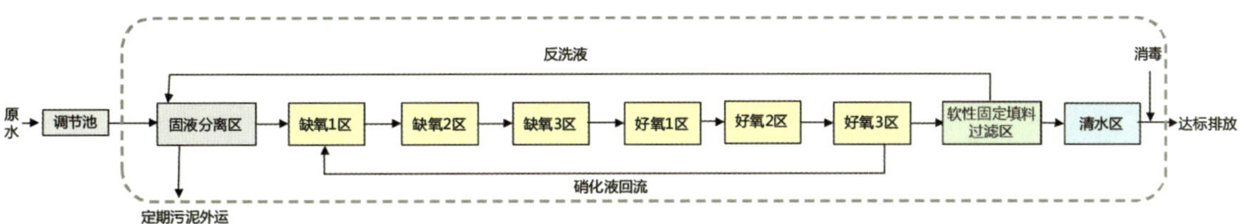

图 3-7　多级 A/O 生物接触氧化一体化处理工艺流程

各生化处理区的主要作用机制包括以下几种：

①固液分离区兼具调节水量、固液分离、降低溶解氧（消氧）等综合作用。

②多级缺氧区的主要贡献是 SS 拦截、有机物水解、反硝化作用，而各级缺氧区作用有所不同。缺氧 1 区的主要作用包括拦截、沉淀、消氧，而缺氧 2 区和缺氧 3 区主要贡献是有机物水解与反硝化作用。

③多级好氧区的作用主要是有机物降解和硝化作用，其中好氧 1 区主要发生有机物降解，好氧 2 区和好氧 3 区主要贡献是氨氮和有机氮的硝化作用。

3.4.3　工艺设计参数

设计水量：0.6 ～ 50 m^3/d。

工艺设计参数：生化段停留时间：26 ～ 32 h；气水比：60 ∶ 1 ～ 70 ∶ 1；混合液回流比：200% ～ 400%；多级缺氧区填充比：50% ～ 70%；多级好氧区填充比：30%；多级好氧区溶解氧：6 ～ 8 mg/L。

多级 A/O 生物接触氧化工艺进出水水质设计参数见表 3-4。

表 3-4　多级 A/O 生物接触氧化工艺进出水水质设计参数

水质指标	COD_{Cr}/（mg/L）	BOD_5/（mg/L）	NH_3-N/（mg/L）	TN/（mg/L）	TP/（mg/L）	SS/（mg/L）	pH
进水水质	500	300	80	100	5	200	6～9
出水水质	50	20	5（≤ 8）	15	0.5	10	6～9

注：括号外数值为水温＞ 12℃时的控制指标，括号内数值为水温≤ 12℃时的控制指标。

3.4.4　工艺特点

①主要以生物膜高效去除污染物，系统抗冲击负荷能力强。

②根据工艺需求可不设置固液分离区。

③缺氧 1 区可有效消氧，为缺氧 2 区、缺氧 3 区提供更好的缺氧条件有利于反硝化作用。

④多级缺氧区有机物利用率提高、减少碳源投加量，节约运行成本。

⑤好氧 2 区、好氧 3 区有机物的浓度低，有利于生物膜上硝化细菌生长，提高硝化速率。

⑥产泥量低（2‰）、污泥处理处置成本低，运维周期长。

⑦系统简单、对运维技术要求低、节省运行能耗及维护费用。

⑧采用固定床工艺时，需设置沉淀区。

⑨采用流化床工艺时，可将 MLSS 降至 100 mg/L 以下，系统无须单独设置沉淀池，进一步减少占地面积、简化运维。

3.4.5　工艺适用范围

多级 A/O 生物接触氧化一体化处理工艺广泛适用于乡村生活污水处理，尤其适用于村落、客栈、农家乐、别墅区、风景区等场景的生活污水及尾水处理。

3.4.6　运维要点

①该工艺除磷效率低，可辅助除磷措施实现有效除磷。

②适宜水温为 10 ～ 25℃，必要时可通过地埋或加保暖层等方式进行保温。

③多级缺氧区填料一般无须更换补充。

④多级好氧区采用固定床工艺时无须更换填料，采用流化床工艺时 5 年后可考虑更新维护。

⑤定期清掏缺氧区，清掏顺序一般先清理上层漂浮物，然后进行底部抽泥。

⑥选择流化床工艺时，多级好氧区填料拦网应保持通畅，必要时清理。

⑦多级缺氧区填料发生堵塞时，可通过曝气等方式疏通。

⑧原水水质 C/N 低时，可补充碳源使总氮达标率更高。

⑨通过调整曝气参数，适当降低回流液溶解氧，可提高脱氮效率。

3.5　SND 型生物接触氧化工艺

3.5.1　工艺研发背景

同步硝化反硝化工艺（Simultaneous Nitrification and Denitrification，SND），是指在空间上没有明显缺氧和好氧分区以及在时间上没有缺氧和好氧交替的条件下，硝化和反硝化反应在空间和时间上同步进行的生物脱氮过程（杨麒等，2003）。该工艺具有工艺简单、停留时间短、占地少等突出优点，但存在脱氮效率有限的缺陷（润英等，2012）。

SND 型生物接触氧化法，是基于一定体积大小的特殊填料和填料上生长的生物膜来实现同步硝化反硝化的工艺，具体的实现方式如图 3-8 所示。置放在 SND 区内一定数量的优选多孔海绵填料，由于受氧扩散的限制，在其内外部产生 DO 梯度；填料的外表面溶解氧较高、以好氧硝化菌为主；深入填料内部，由于氧传递受阻产生缺氧区，反硝化菌占优势，从而在填料上形成有利于实现同步硝化反硝化作用的微环境。

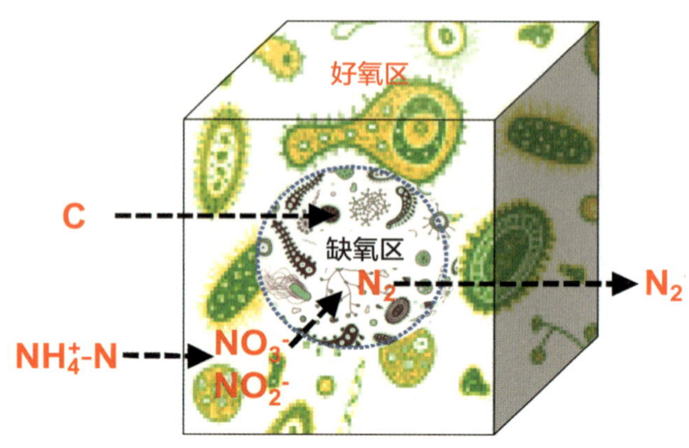

图 3-8　SND 型生物接触氧化法模型

3.5.2　工艺流程

SND 型生物接触氧化法工艺流程如 3-9 图所示。生活污水经收集后自流进入系统，经固液分离 1 区和固液分离 2 区（兼具水量调节作用）预处理后到达 SND 区，依次通过 SND 1 区～ SND 3 区，池中置放高效的 SND 专用生物量递增海绵填料，在填料表面和填料内部的各类微生物协同作用下，可以实现有机物、氨氮和总氮的同步降解。SND 3 区出水流入沉淀区实现泥水分离，下部无机泥按设定回流比气提回流至固液分离区，上清液自流经消毒后达标排放或回用。

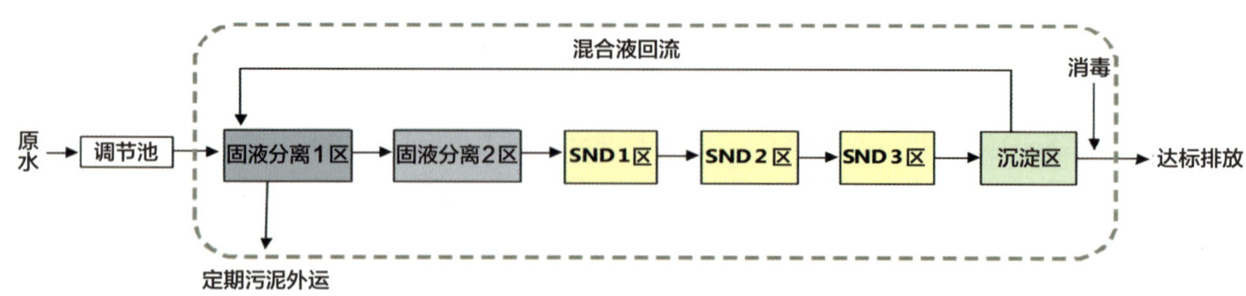

图 3-9　SND 型生物接触氧化法工艺流程

3.5.3　工艺设计参数

设计水量：0.6 ～ 50 m^3/d。

工艺设计参数：生化段停留时间：14.4 ～ 16 h；气水比：50 ∶ 1 ～ 60 ∶ 1；混合液回流比：200% ～ 400%；SND 专用生物量递增海绵填料填充比：30%；SND 区溶解氧：3 ～ 6 mg/L。

SND 型生物接触氧化法工艺进出水水质设计参数见表 3-5。

表 3-5　SND 型生物接触氧化法工艺进出水水质设计参数

水质指标	COD_{Cr}/（mg/L）	BOD_5/（mg/L）	NH_3-N/（mg/L）	TN/（mg/L）	TP/（mg/L）	SS/（mg/L）	pH
进水水质	400	200	40	50	5	200	6 ～ 9
出水水质	60	20	5（8）	30	1	20	6 ～ 9

注：括号外数值为水温＞ 12℃时的控制指标，括号内数值为水温≤ 12℃时的控制指标。

3.5.4　工艺特点

①系统可实现同步硝化反硝化，避免 NO_3^- 积累对硝化反应的抑制，加快硝化反应速率。

②反硝化反应释放的碱度可部分补偿硝化反应的碱消耗，使系统 pH 相对稳定。

③工艺简单，无须硝化液回流，降低运行成本和运维难度。

④占地小，池容可减少 20% ～ 30%。

⑤相比传统 A/O 工艺，可节约 25% 左右的曝气量，降低能耗。

⑥同步硝化反硝化的脱氮效率约 50%，低于传统 A/O 工艺的脱氮效率。

⑦可灵活选择流化床或固定床 SND 工艺。

⑧产泥量少，维护周期长。

3.5.5 工艺适用范围

SND 型生物接触氧化法工艺主要适用于对出水总氮无要求或要求较低（≤ 30 mg/L）的乡村地区生活污水户用或联用处理、小型集中式生活污水处理等。

3.5.6 运维要点

①该工艺除磷效率低，可辅助除磷措施实现有效除磷。

②适宜水温为 10 ～ 25℃，必要时可通过地埋或加保暖层等方式进行保温。

③所选 SND 专用生物量递增海绵填料，8 年内无须更换，8 年后需更新维护。

④定期（3 ～ 6 个月）清掏固液分离 1 区无机泥。

⑤选择流化床工艺时，SND 区填料拦网应保持通畅，必要时 15 ～ 30 d 清理一次。

3.6 A/O-MBR 工艺

3.6.1 工艺研发背景

A/O 活性污泥法具有高效去除有机物和 TN 的优势，但为保证充分的硝化反应，通常需要设置较长的好氧区停留时间，同时又存在发生污泥膨胀引发出水水质差的风险。该工艺和 MBR 有机结合，通过在生化反应池中设置中空纤维膜或平板膜（膜孔径 0.01 ～ 1 μm）截留微生物及其他固体悬浮物（包括细菌、病毒、虫卵等），替代活性污泥法中的二沉池实现固液分离功能（洪武林，2022），广泛运用于污水处理领域（Huang S J， et al., 2020）。

A/O-MBR 一体化处理工艺，即“预处理区—缺氧区—好氧区（MBR）—清水区”组合工艺。其主要特点在于工艺流程短、停留时间少、无污泥膨胀风险、出水水质好、处理水可直接回用等（李红瑛，2007；李圣鑫，2016）。

3.6.2　工艺流程

A/O-MBR 一体化处理工艺流程如图 3-10 所示。污水先经精细格栅机拦截去除毛发、粗颗粒杂质等达到预处理效果后，依次经过缺氧区与好氧区进行生化处理，再进入清水区经消毒后排放或回用。缺氧区主要进行脱氮及部分有机物的降解。好氧区 MLSS 高，可有效降解有机物，并进行硝化反应，混合液回流至缺氧区；膜组件能够过滤截留难降解有机物和污泥。该工艺可通过调控缺氧区与好氧区的容积比，有效缩短生化停留时间，压缩设备体积，减小投资费用。

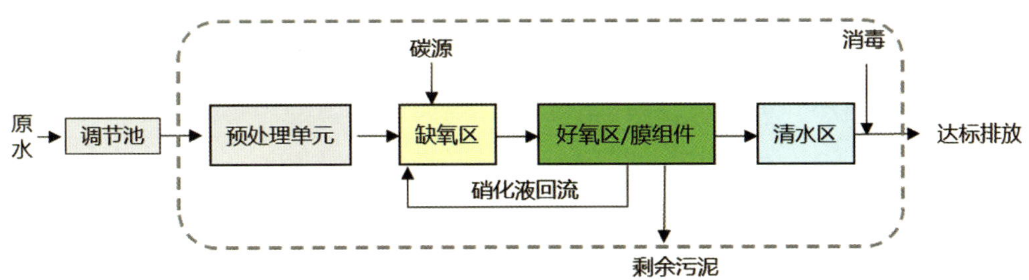

图 3-10　A/O-MBR 一体化处理工艺流程

3.6.3　工艺设计参数

设计水量：30 ～ 500 m^3/d。工艺设计参数：生化段停留时间 8h；气水比：50 : 1 ～ 60 : 1；混合液回流比：200% ～ 400%；MLSS：8 000 ～ 12 000 mg/L；好氧区溶解氧：2 ～ 4 mg/L。

其中，气水比的大小与膜材质、种类、生产设计等以及工艺流程有关，随着技术的发展，膜的膜吹气扫水比可达到 3 : 1 ～ 3.5 : 1，再通过将膜池与生化池独立分开，工艺的气水比可在 10 ∶ 1 ～ 12 ∶ 1，甚至更小。

A/O-MBR 工艺进出水水质设计参数见表 3-6。

表 3-6　A/O-MBR 工艺进出水水质设计参数

水质指标	COD_{Cr} /（mg/L）	BOD_5 /（mg/L）	NH_3-N/（mg/L）	TN/（mg/L）	TP/（mg/L）	SS/（mg/L）	pH
进水水质	400	200	40	50	5	350	6 ～ 9
出水水质	20	10	5（8）	15	0.5	10	6 ～ 9

注：括号外数值为水温≥ 12℃时的控制指标，括号内数值为水温 <12℃时的控制指标。

3.6.4　工艺特点

①SS 处理效果突出，出水稳定且水质好，可回用。

②工艺简单、流程短、停留时间少、占地小。

③MLSS 高，系统耐冲击负荷能力强。

④产泥量少，处理处置费用低。

⑤无污泥膨胀风险。

⑥膜组件昂贵，运维费用高。

⑦工序复杂、运维技术要求高，常结合智能化控制。

⑧可根据工况灵活设计，好氧区与膜区可分开。

3.6.5　工艺适用范围

A/O-MBR 工艺适用于经济发达、土地紧张、水资源紧张等地区的乡村生活污水处理，环境敏感区内无市政管网景区、学校、医院、客栈等分散型生活污水处理。

3.6.6　运维要点

①适宜水温为 10 ～ 25℃，必要时可通过地埋或加保暖层等方式进行保温。

②当 C/N 较低时，应投加碳源，使 C/N 控制在 6：1 ～ 8：1。

③冬季运行时，可适当提高系统内的 MLSS。

④在缺氧区设置间歇曝气，防止污泥沉降，并定期检查是否正常运行。

⑤应定期检查出水系统的压力表、流量计和浊度仪有无异常，判断是否有膜组件的损伤。

⑥膜的清洗是该工艺运维的重点，包括日常清水反冲洗和定期药剂在线清洗。根据进水水质和产水情况，开展日常清水反冲洗（如 6 h 或 24 h 反冲洗一次，一次时间为 1 ～ 2 min）。当膜压差较高时（中空纤维膜最大限值为 60 kPa，平板膜最大限值为 20 kPa），采用清洗药剂在线清洗，清洗药剂宜采用 NaClO，药剂浓度宜为 1‰～ 3‰ [《膜生物法污水处理工程技术规范》（HJ 2010—2011）]。通常，中空纤维膜清洗每月不宜少于 1 次，平板膜可 2 ～ 3 个月清洗 1 次。

3.7　膜曝气生物膜反应器

3.7.1　工艺研发背景

生物膜法是常用的污水处理工艺，具有对水质、水量变化有较强适应性、管理方便等优势，主要依靠附着在载体表面的致密生物膜去除污水中的污染物。污水中的 COD、NH_3-N 等污染物通过扩散作用进入生物膜内，被生物膜中种类繁多的好氧菌、厌氧菌等微生物分解去除（Henze M etal., 2008）。通常氧气和 COD、NH_3-N 等是以相同的方向从生物膜外部向内部进行扩散与传递（Semmens M J etal., 2003）。因此在生物膜表面，自养型的硝化菌往往在和异养型好氧菌的竞争中处于劣势，导致 NH_3-N 和 TN 的处理效率有限。另外，生物处理工艺通常采用曝气供氧，耗电量大，其费用往往占总运行费用的 60% ～ 80%（孙临泉，2015），同时由于传统曝气方式产生的气泡在水体中停留时间短，导致氧利用效率较低，一般低于 20%（Ahmed T etal., 1992）。

近年来，膜曝气生物膜反应器（Membrane Aerated Biofilm Reactor，MABR）技术因在以上两个方面具有显著优势，得到了广泛关注。MABR 是一种无泡曝气技术，核心是利用透气膜与附着在其上的生物膜处理污水。MABR 采用的透气膜一般为疏水性质的中空纤维微孔膜或硅橡胶致密膜（孙临泉，2015）。在曝气的过程中，空气以溶解扩散的形式或者极其微小的气泡形式进入水体，因此可以获得较高的氧利用率，曝气动力效率可达到 10 kgO_2/kW・h（孙临泉，2015）。同时，区别于传统生物膜上的氧气和污染物的扩散形式，氧气和污染物是以相反的方向在生物膜中扩散（图 3-11）。由于氨氮相较于有机物，分子量小、易于扩散，因此硝化菌在好氧层内占有优势，结合在缺氧层的反硝化菌可实现同步硝化反硝化（SND）来强化对污水中 NH_3-N 和 TN 的去除。目前，MABR 技术在全球范围内市政污水处理上应用项目相对较少，用于农村污水处理的案例也为数不多（陈文华等，2019）。

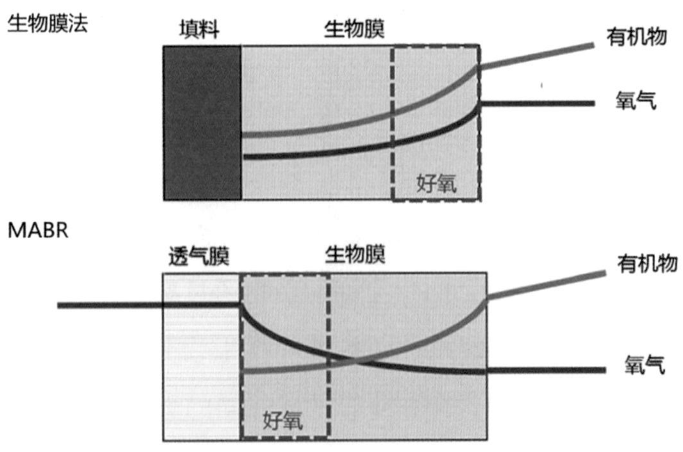

图 3-11 传统生物膜、MABR 生物膜中氧和有机物的扩散模式

3.7.2　工艺流程

MABR 工艺流程如图 3-12 所示。污水经细格栅等预处理单元进入厌氧—MABR 反应区进行生化处理，之后在沉淀区完成泥水分离。沉淀区的上清液经砂滤系统去除 SS，然后经次氯酸钠消毒后排放。系统主体采用混凝土结构，一体化布置，整体布局紧凑。

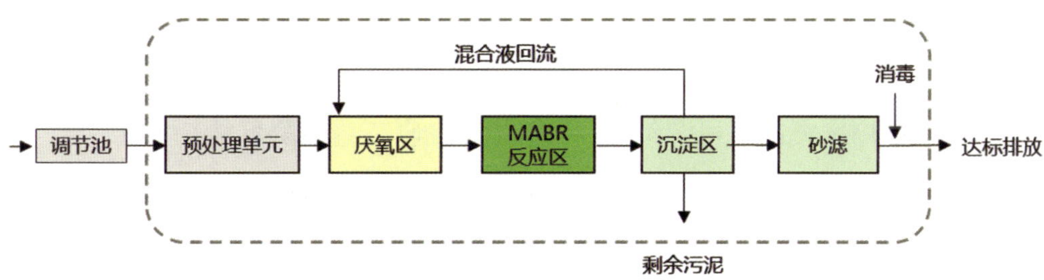

图 3-12　MABR 工艺流程

3.7.3　工艺设计参数

设计水量：20 ～ 100 m^3/d。

工艺设计参数：MABR 反应区停留时间：0.38 ～ 18 h（Lu D etal., 2021）；空气流速：1.4 ～ 5.3 $L/m^2 \cdot h$（Lu D etal., 2021）；混合液回流比：50% ～ 100%。

MABR 工艺进出水水质设计参数见表 3-7。

表 3-7　MABR 工艺进出水水质设计参数

水质指标	COD_{Cr}/（mg/L）	BOD_5/（mg/L）	NH_3-N/（mg/L）	TN/（mg/L）	SS/（mg/L）	pH
进水水质	400	200	40	50	200	6 ～ 9
出水水质	50	10	5（8）	15	10	6 ～ 9

注：括号外数值为水温＞ 12℃时的控制指标，括号内数值为水温≤ 12℃时的控制指标。

3.7.4 工艺特点

MABR 的主要特点为无泡曝气、异相传质和分层结构（魏昕，2012）。MABR 技术是通过膜曝气的形式供氧，氧气以无泡的形式通过高分子膜进入水体，进而被附着在曝气膜表面的微生物利用，理论上氧气利用率可以达到 100%，因此具有氧气利用率高的特点；此外，氧气和污染物以相反方向向生物膜内扩散，有利于生物膜内好氧层、缺氧层、厌氧层的形成，以及同步硝化反硝化反应的进行，脱氮效率高。MABR 具体工艺特点如下：

①氧利用率突出，可节约 50% ～ 80% 的曝气量，降低能耗。

②BOD 和 TN 处理效果突出。

③系统可实现同步硝化反硝化。

④反硝化反应释放的碱度可部分补偿硝化反应的碱消耗，使系统 pH 相对稳定。

⑤占地小，池容可减少 20% ～ 30%。

⑥工艺简单，可根据进出水条件关闭硝化液回流，降低运行成本和运维难度。

⑦产泥量少，处理处置费用低。

⑧膜组件价格昂贵，建设成本与运维成本较高。

⑨噪声低及无恶臭。

3.7.5 工艺适用范围

目前，MABR 的膜组件价格昂贵，通常一组膜箱的价格高达数十万元，高昂的成本将是限制该技术规模化应用的主要因素。基于此原因，该技术适用于经济较发达、占地要求高且进水总氮浓度高地区的乡村生活污水处理。

3.7.6 运维要点

相关研究结果显示，随着生物膜厚度的增加，氨氮的去除效率呈下降趋势。因此根据进水浓度和出水标准，合理的控制生物膜厚度将是运维环节上的重点。

①定期通过曝气冲洗膜组件，合理控制生物膜厚度。

②定期检查预处理单元功能是否正常，防止毛发等进入系统损伤膜组件。

③定期查看透气膜有无破损。

④适宜水温为 10 ～ 25℃，必要时可通过地埋或加保暖层等方式进行保温。

⑤可辅助除磷措施实现有效除磷。

⑥定期（3 ～ 6 个月）清掏沉淀区无机泥。

3.8　改良厌氧生物膜工艺

3.8.1　工艺研发背景

地球上的水资源约有 14 亿 km^3，其中约 97.5% 为海水，以河川和湖泊（易于利用）形式存在的淡水量仅有约 0.01%，由此可见淡水资源在地球上的稀缺性（国土交通省，2021）。随着全球人口增长、工业农业活动扩张及全球气候变暖，相关研究指出，到 2025 年世界 2/3 的人口可能会遇到缺水情况，而到 2030 年世界上约有一半的人口将面临较高缺水压力（Scheierling S M et al., 2011）。

中水作为非常规水资源（污水资源化利用），其资源化利用是缓解水资源短缺的有效方案之一（Almuktar S A et al., 2018）。考虑全球约有 70% 的水用于灌溉（Pedrero F et al., 2010），农田灌溉可成为污水资源化利用的重要方向。以中国为例，2019 年中国农业总用水量为 3 682.3 亿 m^3，达到了全社会用水量的 61.2%，而 2019 年全国产生的污水量为 1 000 亿 m^3，如果全部回用将极大地缓解农田灌溉用水的压力（中华人民共和国水利部，2019）。

乡村生活污水由于没有工业废水的混入，成分相对简单，只需经过相对简单的生物处理即可达到农田灌溉的要求。乡村生活污水的分散收集、分散处理通常采用化粪池对黑水简单处理后进行资源化利用，但随着水冲厕所的普及，流入化粪池的水量大幅上升，造成粪污的停留时间低于设计值、出水水质变差。为提升化粪池的处理能力，升流式厌氧污泥床反应器（UASB）型化粪池、填料型化粪池相继被开发出来（范彬等，2017）。UASB 型化粪池采用上向流式进水，可提高 SS 和溶解性有机物的去除率，但存在抗冲击负荷能力弱的问题；填料型化粪池通常在化粪池内填充陶粒、弹性立体填料、碎石等填料，利用厌氧生物膜法的原理提升化粪池的抗冲击负荷能力和有机物去除率，但存在容易堵塞的问题。

改良型厌氧生物膜一体化处理工艺，结合了 UASB 型化粪池和填料型化粪池的优点，主要特点在于通过导流筒引流设置上向流进水提升污染物的去除效率，同时填充高性能填料利用厌氧生物膜法强化系统抗冲击负荷能力。此外，通过将设备设置在传统化粪池后可降低填料堵塞的风险。

3.8.2 工艺流程

改良厌氧生物膜一体化处理工艺的流程如图 3-13 所示。生活污水经收集后流入化粪池去除较大的固体颗粒物和垃圾等，然后以重力流的形式依次流经厌氧 1 区、厌氧 2 区进行生化处理，最后出水就地资源化利用。厌氧 1 区采用上向流进水，污水通过导流筒进入厌氧区下部，然后在向上流的过程中流经优选的填料层，利用填料的物理截流和生物膜的吸附作用，高效截流污水中的 SS，并利用厌氧生物膜厌氧分解，实现对有机物的降解；此外，区体底部和上部无填料填充，用于储存沉降的 SS 和脱落的生物膜以及堆积于上部的浮渣。厌氧 2 区采用下向流进水，由上向下流经填料层，主要利用填料上的生物膜厌氧分解有机物。其中，厌氧 1 区和厌氧 2 区填料分别优选不同大小和形状，但同时具备大比表面积、高生物负载量、大孔隙率、强耐久性的塑料材质填料，便于厌氧 1 区和厌氧 2 区发挥各自的功能。

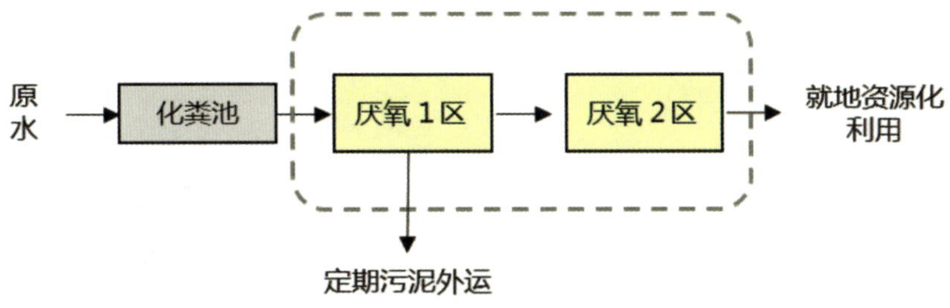

图 3-13　改良厌氧生物膜工艺流程

3.8.3　工艺设计参数

设计水量：0.2 ～ 5 m^3/d；工艺设计参数：生化段停留时间：2 ～ 5 d；厌氧 1 区填充率：20% ～ 50%；厌氧 2 区填充率：40% ～ 70%。

改良厌氧生物膜工艺进出水水质设计参数见表 3-8。

表 3-8　改良厌氧生物膜工艺进出水设计参数

水质指标	COD_{Cr}/（mg/L）	BOD_5/（mg/L）	SS/（mg/L）	pH
进水水质	400	200	220	6 ～ 9
出水水质	150	60	80	6 ～ 9

3.8.4　工艺特点

①出水可就地资源化利用。

②主要以生物膜高效去除污染物，系统抗冲击负荷能力强。

③无能耗，运行成本低。

④运行管理简单，维护周期长。

⑤产泥量低、污泥处理处置成本低，运维成本低。

⑥设备无噪声等二次污染。

⑦无须沉淀池，占地面积小。

⑧对氮磷去除效率低，最大限度地保留了污水中氮磷营养元素。

3.8.5 工艺适用范围

改良厌氧生物膜工艺出水可达《农田灌溉水质标准》（GB 5084—2021）中水田和旱地作物标准，适用于乡村分散收集、分散处理的生活污水资源化利用，出水可用于自留地或宅基地的小菜园、小果园、小花园等。

3.8.6 运维要点

①厌氧生物膜的驯化周期长，设备启动后 150 ～ 200 d 内出水 BOD 偏高属于正常现象。

②应定期排出设备底部沉积的污泥和上部堆积的浮渣。

③厌氧 1 区和厌氧 2 区的进、出水管采用三通形式，防止设备内甲烷、硫化氢等气体浓度过高。

④当设备出现堵塞、上部出现大量浮泥时，应及时排查堵塞部位并排除堵塞。

⑤禁止在设备旁边吸烟、使用明火。

参考文献

陈建华, 李啸华, 李乘, 等, 2019. 污泥回流的控制及对 TP 去除的影响 [J]. 市政技术, 37(3): 218-219, 234.

陈文华, 潘超群, 厉雄峰, 等, 2019. MABR 技术在农村生活污水处理上的应用 [J]. 水处理技术, 45(5): 126-128, 134.

杜振忠, 王永磊, 张克峰, 等, 2017. 多级 AO 生物膜反应器的优化设计与实验研究 [J]. 水处理技术, 43(5): 96-99.

范彬, 王洪良, 张玉, 等, 2017. 化粪池技术在分散污水治理中的应用与发展 [J]. 环境工程学报, 11(3): 1314-1321.

洪武林, 2022. 农村生活污水处理中 MBR 工艺应用 [J]. 节能与环保, (3): 91-92.

环境保护部, 2010. 膜生物法污水处理工程技术规范 : HJ 2010—2011 [S]. 北京 : 中国环境科学出版社 .

李红瑛, 2007. A/O-MBR 处理低浓度生活污水试验研究 [D]. 南京 : 河海大学 .

李圣鑫, 2016. MBR 工艺在贵安新区农村分散式污水处理工程中的应用研究 [D]. 贵阳 : 贵州大学 .

刘胜军, 杨学, 石凤, 等, 2012. 多段多级 AO 除磷脱氮工艺分析与研究 [J]. 给水排水, 48(S1): 191-194.

秦汉强, 周森, 郑永旭, 等, 2018. 生态透析技术在生活污水处理中除磷效果 [J]. 中国科技信息, (5):13, 85-86.

润英, 肖作义, 宋蕾, 2012. 水处理新技术、新工艺与设备 [M]. 北京 : 化学工业出版社 .

孙临泉, 2015. MABR 技术在城市受污染河道修复中的应用研究 [D]. 天津 : 天津大学 .

王延萍, 2019. Bardenpho 工艺与多级 AO 工艺对比分析 [J]. 天津建设科技, 29(6): 41-43.

魏昕, 2012. 新型 MABR 除磷脱氮技术的研究与应用 [D]. 天津：天津大学.

雪宸, 2020. 多级多段 AO 生活污水处理工艺系统研究与应用 [D]. 兰州：兰州交通大学.

杨麒, 李小明, 曾光明, 等, 2003. 同步硝化反硝化机理的研究进展 [J]. 微生物学通报, (4): 88-91.

杨宇星, 吴迪, 宋美芹, 等, 2017. 新型 MBBR 用于类地表Ⅳ类水排放标准升级改造工程 [J]. 中国给水排水, 33(14): 93-98.

中华人民共和国水利部, 2019. 2019 年中国水资源公报 [S]. 北京：中国水利水电出版社.

周正文, 高兴朋, 杨代平, 2021. MBBR 工艺对农村污水治理的性能研究 [J]. 云南水力发电, 37(12): 205-207.

AHMED T, SEMMENS M J, 1992. Use of sealed end hollow fibers for bubbleless membrane aeration: experimental studies [J]. Journal of Membrane Science, 69(1-2): 1-10.

ALMUKTAR S A, ABED S N, SCHOLZ M, 2018. Wetlands for wastewater treatment and subsequent recycling of treated effluent: a review [J]. Environmental Science and Pollution Research, 25(24): 23595-23623.

HENZE M, LOOSDRECHT van M C M, EKAMA G A, et al., 2008. Biological wastewater treatment: principles, modeling and design [M]. London: IWA.

HUANG S J, POOI C K, SHI X Q, et al., 2020. Performance and process simulation of membrane bioreactor(MBR) treating petrochemical wastewater [J]. Science of the Total Environment, 747: 141311.

LU D, BAI H, KONG F, et al., 2021. Recent advances in membrane aerated biofilm reactors [J]. Critical Reviews in Environmental Science and Technology, 51(7): 649-703.

PEDRERO F, KALAVROUZIOTIS I, ALARCÓN J J, et al., 2010. Use of treated municipal wastewater in irrigated agriculture—Review of some practices in Spain and Greece [J]. Agricultural Water Management, 97(9): 1233-1241.

ROBERTSON L A, KUENEN J G, 1983. Thiosphaera pantotropha gen. nov. sp. Nov, a facultatively anaerobic, facultatively autotrophic sulphur bacterium [J]. Journal of General Microbiology, 129(9): 2847-2855.

SCHEIERLING S M, BARTONE C R, MARA D D, et al., 2011. Towards an agenda for improving wastewater use in agriculture [J]. Water International, 36(4): 420-440.

SEMMENS M J, DAHM K, SHANAHAN J, et al., 2003. COD and nitrogen removal by biofilms growing on gas permeable membranes [J]. Water Research, 37(18): 4343-4350.

国土交通省 , 2021. 令和 3 年版 : 日本の水資源の現況 .

Part 4

第 4 章　乡村生活污水一体化处理设备

乡村生活污水一体化处理设备是以生化反应为基础，将预处理、生化、沉淀、消毒、污泥回流等各个功能单元，以及电气部件、仪表部件、管道、自动控制系统、设备间等有机结合在一起并在工厂组装成型的污水处理组合体（文一波，2016）。一体化设备具有生产质量稳定、结构紧凑、占地面积小、建设周期短、建设成本低、运行可靠、运维简单等突出优点，因此特别契合乡村生活污水处理需要，在实践中得到广泛推广。

一体化处理设备按处理规模可分为单户、联户、村镇级等多种类型。分散式的单户 / 联户一体化处理设备处理量通常为 5 m^3/d 以下，主要选择投资较小、抗冲击负荷能力强、操作简单、运维周期长的生物膜法及其衍生工艺，包括多级 A/O 生物接触氧化法、SND 型生物接触氧化法、厌氧生物膜法等。村镇级生活污水处理又分为小集中处理（5 ～ 50 m^3/d）和大集中处理（50 ～ 500 m^3/d）。大集中一体化处理设备主要采用处理能力强、占地面积小、运行稳定的活性污泥法等组合工艺，如 A^3/O-MBBR、改良 Bardenpho-MBBR、A/O-MBR 等。小集中一体化处理设备则可根据实际污水处理需求，灵活选择生物膜法或活性污泥法。

一体化设备根据不同的安装方式，又可分为地上式、地埋式和半地埋式三种类型，其中以地上式和地埋式居多。地埋式安装因具有节约土地、受气温影响小、无噪声污染、环境美观等突出优点，得到广泛应用。但在选择安装方式时，应结合当地的气候以及周围的环境科学选择，而非一味地追求地埋设置。通常从安装、维护角度出发应选择地上式或半地埋式，从节省土地角度出发应选择地埋式。安装方式不同，一体化处理设备的外观与结构设计、主体材料、结构防腐、制造工艺选择也有很大区别。

4.1 地上设备

4.1.1 外观和结构设计

一体化污水处理地上设备的外观设计，需要工业设计团队进行大量市场调研、用户需求分析、国内外环保政策解读以及设计试验等研究。目前，主要采用方形箱体或圆柱形罐体，其结构紧凑、占地面积小，兼顾运输便利和经济适用等特点。此外，还应注重美观大方、品质感强、与自然环境及人居环境相协调的视觉形象。

在结构设计上，讲求结构稳定和空间合理布局。在结构强度方面，需要重点考虑满水负荷运行状态下的结构稳定性，保证结构形变量在可控范围之内。在内部空间布局方面，应功能分区明确、保持管路清晰，避免空间浪费、短路短流，同时还需满足施工、操作、维修的要求。

4.1.2 主体材料

一体化污水处理地上设备的主体制造材料主要分为非金属材料和金属材料两种。非金属材料（或制品）长期暴露于阳光、风雨、高温、严寒等环境后会发生较大的物理变化及化学变化，导致其性能逐渐下降，影响设备的耐久性。因此地上式设备的主体多采用金属材料制造，常用材料包括 Q235 碳素结构钢、304 不锈钢、Q355 和耐候钢等。304 不锈钢价格约为碳钢的 3 倍，因成本高而较少使用。综合材料的力学性能、防腐性能和价格等方面考虑，耐候钢可作为地上设备的主要板材，Q355 可作为主要构件型材，304 不锈钢管材和板材可少量使用。

耐候钢即耐大气腐蚀钢，是介于普通钢和不锈钢之间的低合金钢系列。其主要合金成分为铜、镍等耐腐蚀元素，本身耐腐蚀性能优异，锈蚀时在锈层和基体之间可形成 50 ～ 100 μm 厚的非晶态尖晶石型氧化物膜。这层致密氧化物膜与基体金属牢固结合，可以阻止大气中的氧和水向钢铁基体渗入，减缓锈蚀向纵深发展，因此耐候钢的耐腐蚀性可达普通碳钢的 2 ～ 8 倍。

通常以较小厚度的板材配合加强防腐涂层使用，从而降低设备重量和成本。

4.1.3　加工制造

一体化污水处理地上设备的制造过程主要包括备料、下料、焊接、开孔、表面处理、装配、测试检验、包装。主要制造工艺包含铸造、锻造、折弯、冲压、机加工、切割、机械装配、焊接、表面处理等。以下简要介绍金属焊接与表面处理等核心工艺及机械装配、测试检验过程。

（1）金属焊接

常用的焊接技术包括手工电弧焊、埋弧焊、气体保护焊、电渣焊等。工厂自动化焊接技术以二氧化碳气体保护焊工艺为主。二氧化碳气体保护焊的焊接原理是焊接时焊丝与焊件间产生电弧，焊丝自动送入，被电弧熔化形成熔滴并进入熔池，二氧化碳经喷嘴喷出，包围电弧和熔池，起到隔离空气和保护焊接金属的作用。该工艺焊接成本低、生产效率高、操作简便、焊缝抗裂性能强、适用范围广，特别适合污水处理设备箱体薄板及中厚板的焊接。

（2）表面处理

设备表面处理主要分为前处理和后处理。前处理主要包括除油、除锈（如喷砂打磨）和酸洗磷化（表面清洁，去除锈层和氧化皮）；后处理主要是涂层防腐，包括喷漆或喷粉。涂层防腐是设备防腐最有效的手段，在设计涂层时应参考相关标准。例如《色漆和清漆　防护涂料体系对钢结构的防腐蚀保护》（GB/T 30790），以最苛刻的大气腐蚀环境等级 C5I 及浸没环境 Im3 来考察防腐涂层的耐久性，并依据《色漆和清漆　漆膜的划格试验》（GB/T 9286—1998）设计涂层的附着力。按照中期防腐年限 10 年设计防腐方案时，设备箱体外部可采用环氧富锌底漆 + 改性环氧漆 + 聚氨酯面漆涂层，干膜厚度 200 μm 时可有效隔绝水分和氧气，破坏锈蚀发生条件；设备内部可采用干膜厚度 300 μm，多层聚酰胺固化的改性环氧漆。

（3）机械装配

装配过程分为部装和总装。部装包括管道、电气控制系统、功能设备等关键部件的组装；总装是部件和零件整体安装形成一体化设备的过程。在装配过程中，应严格按照图纸和工艺规程组装，并对关键装配工序进行校验减小误差和偏差，确保装配产品性能和功能得到保证。

（4）测试检验

一体化处理设备出厂前需做品质检验，一般包含如下检验要点：①外观检验，确认设备表面无缺陷，包括无起泡、无凹陷、无凸包、无明显色差、平整度良好等；②工艺检验，确认管路管件无缺胶、无漏水、无松动，各阀门开关正常、无失效，无损坏，工艺设备安装正确；③结构性能测试，确认材料厚度符合设计要求，闭水试验中箱体或罐体无渗漏且确保结构形变量符合相关标准；④电控系统检测，确认各用电设备正常工作，控制程序输入无误。

4.2 地理设备

4.2.1 外观和结构设计

由于圆形结构的力学性能优于方形箱体结构，一体化污水处理地埋设备一般为立式或卧式圆形罐体（图 4-1）。外观设计方面，由于是地埋设置，对视觉美观可不做特别要求。

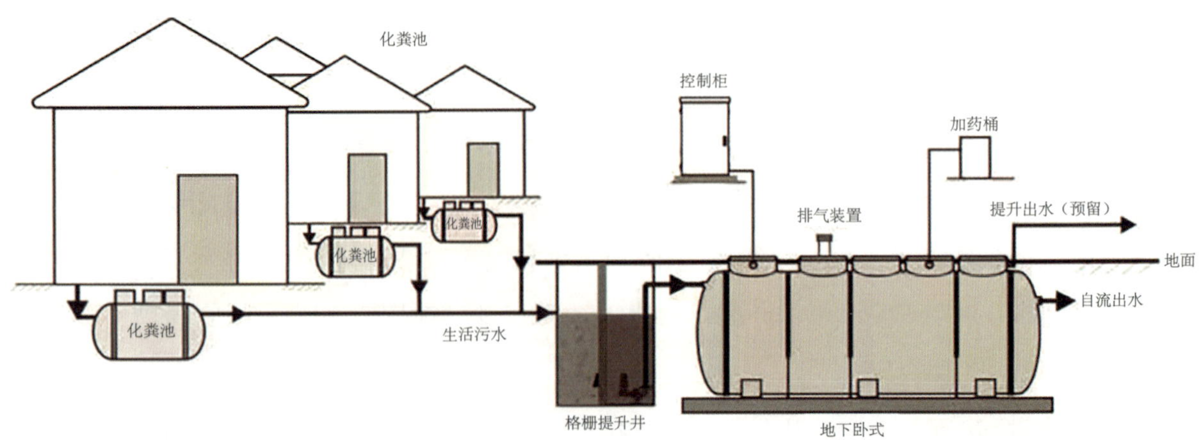

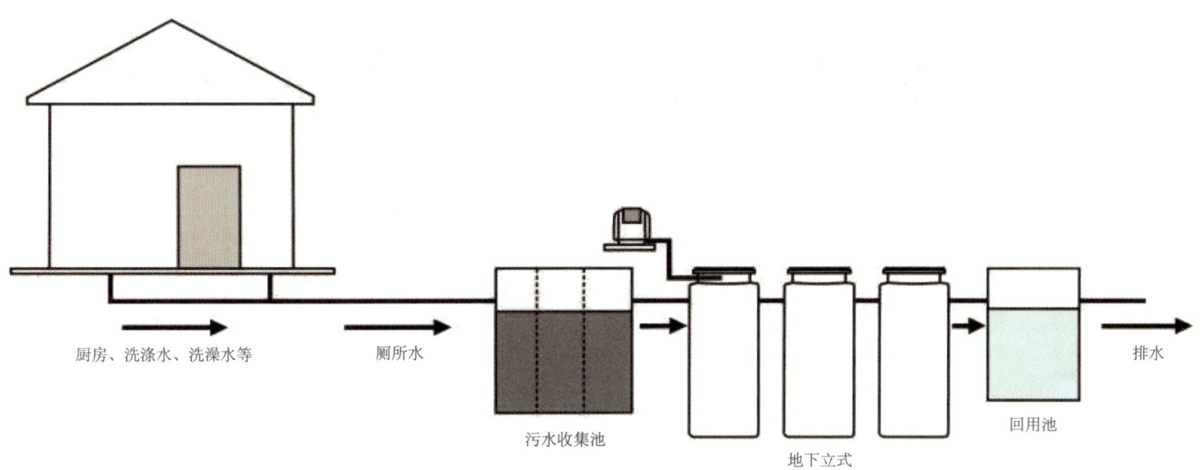

图 4-1　一体化污水处理地埋（立式和卧式）设备安装示意图

整体上，地埋式一体化处理设备在结构设计上的需求与地上式一体化处理设备相似（参见 4.1.2 节），均注重结构稳定和空间合理布局。但在设备结构强度设计时，除考虑满水负荷运行状态下的结构稳定性外，还应考虑空载时的覆土压力和地下水产生的浮力以及检修人员的荷载、积雪荷载等。通过变形验算、强度计算、压屈失稳计算等确定合适的环刚度，避免设备的环刚度过低、外压负载造成结构变形过大及压屈失稳，或环刚度过高、截面惯性矩过大，导致材料浪费与费用超支。

4.2.2　主体材料

地埋式一体化处理设备结构的主要材质以 PPH、HDPE、FRP 等非金属材料为主（表 4-1），其中 FRP 具有强度高、造价低的特点而被日本净化槽所青睐，而 PPH 和 HDPE 虽然造价较高，环境友好，但属于可再生材料，近年来得到了广泛的应用。

表 4-1 地埋设备常用材质对比

<table>
<tr><th colspan="2">对比项目</th><th>PPH</th><th>HDPE</th><th>FRP</th></tr>
<tr><td rowspan="5">物理性能</td><td>密度</td><td>较轻</td><td>较轻</td><td>较重</td></tr>
<tr><td>抗腐蚀</td><td>很好</td><td>很好</td><td>很好</td></tr>
<tr><td>耐压</td><td>较好，适合地埋</td><td>较好，适合地埋</td><td>很好，适合地埋</td></tr>
<tr><td>隔热</td><td>良好</td><td>良好</td><td>良好</td></tr>
<tr><td>寿命</td><td>大于 50 年</td><td>大于 50 年</td><td>大于 50 年</td></tr>
<tr><td colspan="2">外观属性</td><td>外观精美</td><td>外观精美</td><td>外观较差</td></tr>
<tr><td colspan="2">环境属性</td><td>可再生，无毒无异味，制造环境舒适</td><td>可再生，无毒无异味，制造环境舒适</td><td>不可再生，有毒有强异味，制造环境差</td></tr>
<tr><td colspan="2">制造工艺</td><td>挤出缠绕、注塑、模压成型，自动化程度高</td><td>吹塑、注塑、滚塑成型，自动化程度高</td><td>缠绕粘接，模压成型，自动化程度低</td></tr>
<tr><td colspan="2">价格属性</td><td>较贵</td><td>一般</td><td>较便宜</td></tr>
</table>

4.2.3 加工制造

地埋非金属罐体的制造过程主要包括备料、下料、塑型、焊接、开孔、表面处理、机械装配、调试检验、包装。其中，机械装配、调试检验等过程均与 4.1.3 节相似，主要差异在于地上式金属箱体制造注重焊接和表面处理过程，而非金属罐体制造聚焦非金属成型工艺，主要包括挤出缠绕、滚塑、吹塑、缠绕粘接、SMC 模压等。

（1）挤出缠绕

该工艺是用螺旋挤出缠绕机组使 PPH 颗粒料热熔挤出并在钢制模具外缠绕成罐体成型，广泛应用于容积较大的一体化设备 PP 材质罐体制造。其生产效率高于手工制作 5 ～ 8 倍，产品性能好、无接缝、抗腐蚀、耐渗漏、美观度高。

（2）滚塑

滚塑又称滚塑成型、旋转成型、回转成型等，是一种热塑性塑料中空成型方法，广泛应用于容积较大的一体化设备 PE 材质罐体制造。该工艺首先将塑料原料加入模具中，模具沿两个垂直轴不断旋转并加热，塑料原料在重力和热能作用下逐渐均匀涂布、熔融黏附于模腔的整个表面上，再经冷却定型即得制品。其主要特点是工具和模具成本低、生产灵活、能够成型大型复杂罐体、产品外观精美。

（3）吹塑

该工艺是一种发展迅速的塑料加工方法，广泛应用于容积较小的一体化设备 PE 材质罐体制造。在吹塑过程中，热塑性树脂经挤出成型得到管状塑料型坯，趁热（或加热到软化状态）置于对开模中，闭模后立即在型坯内通入压缩空气，使塑料型坯吹胀而紧贴在模具内壁上，经冷却脱模即得各种中空罐体。其主要特点是工具和模具成本低、生产速度快、能够塑造复杂罐体、产品外观精美。

（4）缠绕粘接

该工艺是树脂基复合材料的主要制造工艺之一，在控制张力和预定线型的条件下，应用专门的缠绕设备将纤维或布带浸渍树脂胶液并连续、均匀且有规律地缠绕在芯模或内衬上，然后在一定温度环境下使之固化，得到一定形状的复合材料制品。此工艺广泛用于容积较大的一体化设备 FRP 材质罐体制造，其主要优势包括：可按需设计缠绕方式；可按产品受力状况设计缠绕规律；比强度高，纤维缠绕容器与同体积、同压力的钢质容器相比重量可减轻 40% ～ 60%；成本低，在同一产品上可合理选配并复合若干种材料（包括树脂、纤维和内衬），从而达到最佳的经济效果。

（5）SMC 模压

该工艺是将短切纤维、树脂、填料等片材按制品尺寸、形状、厚度、重量等参数裁剪下料，裁剪好的材料叠合置于已加热的金属模具型腔内，按设定加压方式固化成型的过程。工艺具有操作简单、易于实现自动化、生产节拍短（3 ～ 5 min）、可成型表面光滑结构复杂的制品等优势，所得制品性能出色，具有优异的电绝缘性、机械性、热稳定性和耐化学腐蚀性。

此外，地埋式一体化处理设备在结构性能测试中需在特制的砂坑中进行，实施方法可参考《小型生活污水处理设备评估认证规则》（T/CCPICUDC—002—2021）。设备还须考虑配置抗浮附件，检查井必须带锁和添加安全网以防止人员坠落。

4.3 自动控制及云管理系统

自动控制系统是针对特定控制对象实现不同工艺参数、工作状态和生产过程的自动调节装置或自动化程控装置，由最初的机械式逐渐发展到可编程逻辑控制器（PLC）实现的电气化自动控制系统，可以满足复杂的工业控制需求。

乡村污水处理设施具有站点多、分布离散、专业运维人员少、运维预算低等特点，亟须不用专人定期进行工艺调节且运维少、难度低的"免操作，少维护"型的设备（王洪臣，2018）。因此，乡村生活污水一体化处理设备必须结合数字化手段来保障设备运行，提高运维效率，降低运维成本。

考虑乡村生活污水一体化处理设备的特点，其自动控制系统的性能要求介于民用和工业应用之间，且应在满足工艺控制要求的前提下从简设计，并具备自动化控制所需的标准数据接口、通信协议和通信网络等配置。

4.3.1 传统 PLC 自动控制系统

（1）系统构成与应用原理

PLC 控制器是工业自动化控制领域中最常用的逻辑控制单元，广泛应用于城市污水处理厂控制系统，在部分中小型污水处理设备中也有应用。

以合续中国罐卧罐设备为例，PLC 系统由控制柜和外部配置构成。控制柜内部包括断路器、剩余电流保护器、防雷器、24 V 直流开关电源、PLC 控制器、PLC 模拟量扩展模块、交换机、网关（合续或第三方）、HMI 触摸屏、中间继电器、热过载继电器、电流互感器、保险丝等关键组件。外部配置可根据工艺需求选配模拟量和RS485通信总线接口的执行器或传感器，如液位计、水质传感器和比例阀等。控制柜需要预留标准 Modbus 接口协议，供第三方中控或云平台接入控制。

其设备控制系统原理如图 4-2 所示。系统的核心为 PLC 控制器和交换机，参数设置可通过 HMI 触摸屏进行，也可以通过第三方网关或集中控制设备进行。自动控制模式主要通过进水液体流量计、进水温度变送器、提升槽、高液位浮球开关等输入信号，通过 PLC 控制器向提升槽提升泵、调节槽提升泵等输出信号，以实现自动运行。剩余电流保护器、断路器、防雷器用于保障设备的电气安全。

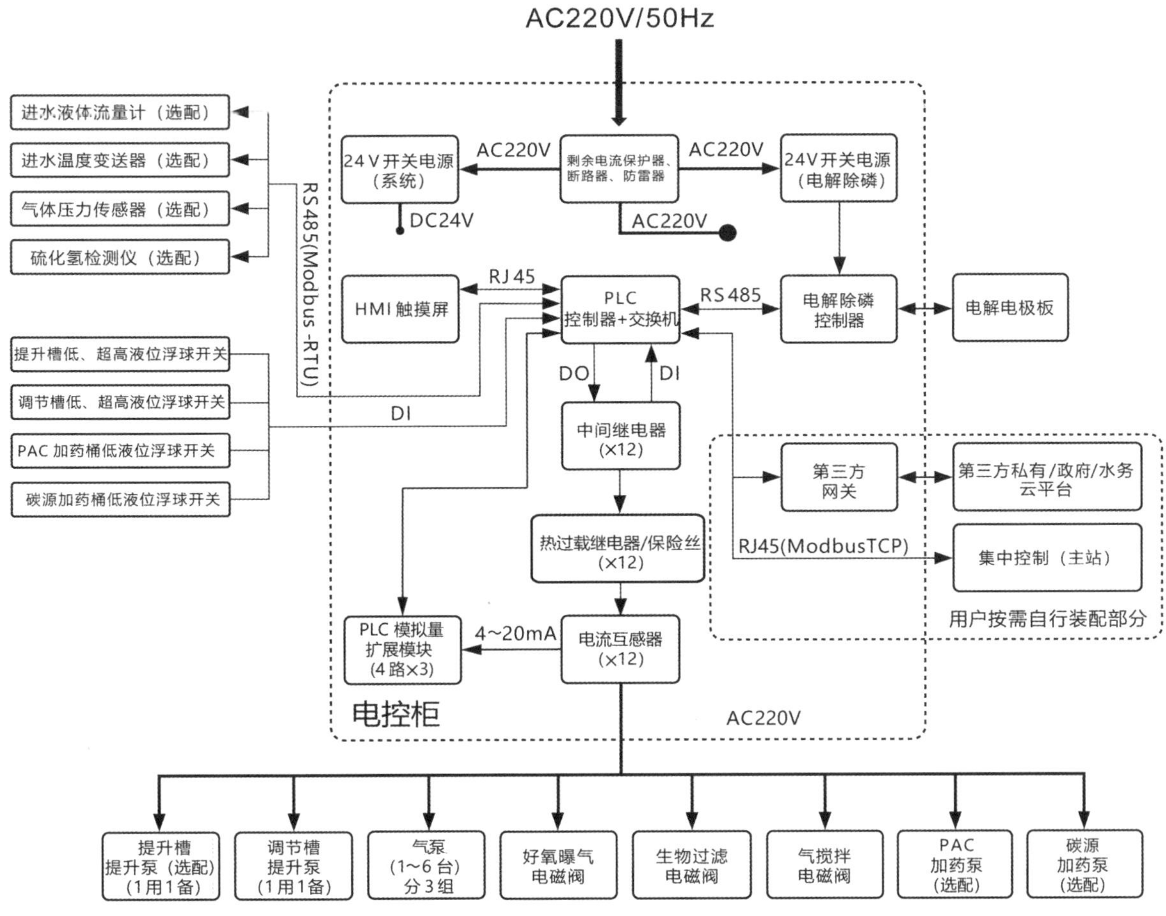

图 4-2　PLC 控制器在中国罐卧罐设备中的应用原理

（2）控制逻辑

乡村生活污水一体化处理设备的控制系统通常需要实现的控制逻辑包括手动控制、自动控制、半自动调试、1 用 1 备控制、分组控制、液位控制、超高液位保护、待机运行、间隔时间运行、主备间隔交替运行、主备故障切换、延时启动、延时停止、故障报警等。

4.3.2 物联网自动控制系统

（1）系统研发背景

PLC 控制器具有性能强大、编程简单、设计快捷、容易掌握等优点（张玉清等，2017），但在应用于乡村生活污水一体化处理设备时存在以下问题:

① PLC 控制器分立元件繁多，且需要定制化设计布线并配置网关，其成本较高，控制柜体积较大，与小吨位的污水处理设备不匹配。

② PLC 电气控制柜的故障需要专业电气工程师处理，仅具有常规用电基础知识的运维人员无法对电气故障进行判断和维修。

③ 设备提供方和云平台提供方一般是两家或多家单位，业主需要与双方或多方紧密对接，并对设备原理、平台业务、设备与平台桥接（一般指网关，涉及双方或多方通信协议）等进行了解，平台建设的周期、成本、质量和效果难以保证。

④ PLC 厂家众多，导致存量的 PLC 控制系统差异较大，进行设备信息化时需要花费巨大代价进行对接、整改和调试，最终的监控效果也不是很理想。

⑤ 目前市面上中小型污水处理设备的控制复杂程度普遍低于常规家电设备和工业设备，但由于室外工况环境复杂等因素导致其运行故障率较高。

为改善以上问题，亟须开发满足低成本、高空间利用率、低故障率、标准化、信息化等设计要求的中小型污水处理设备自动控制系统。

（2）技术方案

基于物联网技术，结合分散式污水处理设备的应用场景、设备工艺、运维需求和用户使用习惯等综合因素，针对大、中、小型不同应用场景开发物联网自动控制技术方案，可实现低成本、高空间利用率、低故障率、标准化、信息化等设计要求的自动控制。

小型化应用场景需要系统设计足够简洁。以合续 H1 系列物联网控制器为例，其主要构成如图 4-3 所示。系统整合了 PLC、模拟量扩展模块、网关、中间继电器、电流互感器、热过载继电器、电能表、保险丝乃至直流电源和电气布线，能够满足单户 / 联户类分散型一体化污水处理设备即插即用的应用需求。

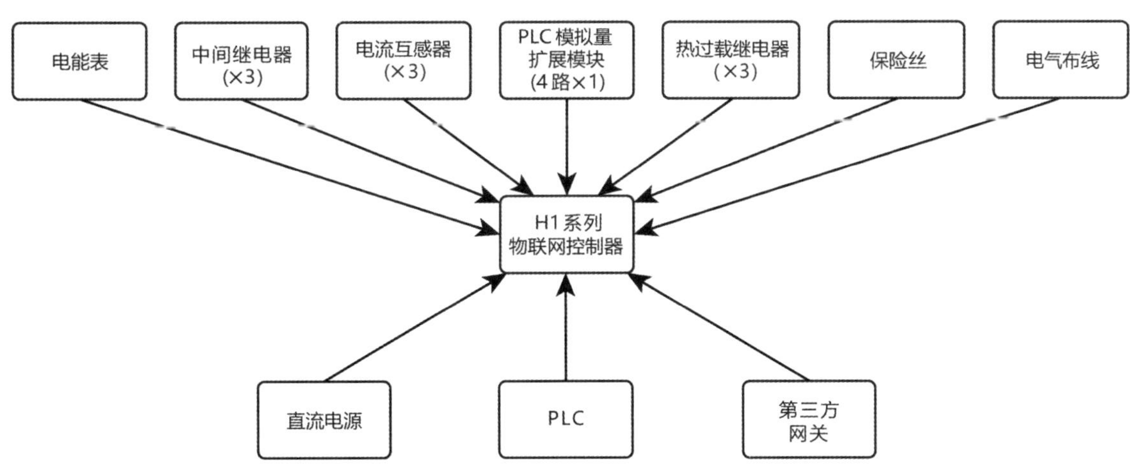

图 4-3　合续 H1 系列物联网控制器的整合方案

村镇污水处理等大中型应用场景追求污水处理设备的高效运行维护，则要求设备控制系统简单、标准、好维护、能扩展。对此，合续环境开发了可任意搭配的 X1 系列“物联网网关 + 输出模块 + 输入模块”组合技术方案。其中，物联网网关整合了 PLC 与第三方网关，输出模块整合了电能表、中间继电器、电流互感器、PLC 模拟量扩展模块、热过载继电器、保险丝和电气布线，输入模块整合了 PLC、PLC 数字量输入扩展模块和 RS485 扩展（图 4-4）。可根据应用场景的规模、特点与要求灵活调整技术方案，有效满足小集中 / 大集中一体化污水处理设备的自动控制需求。

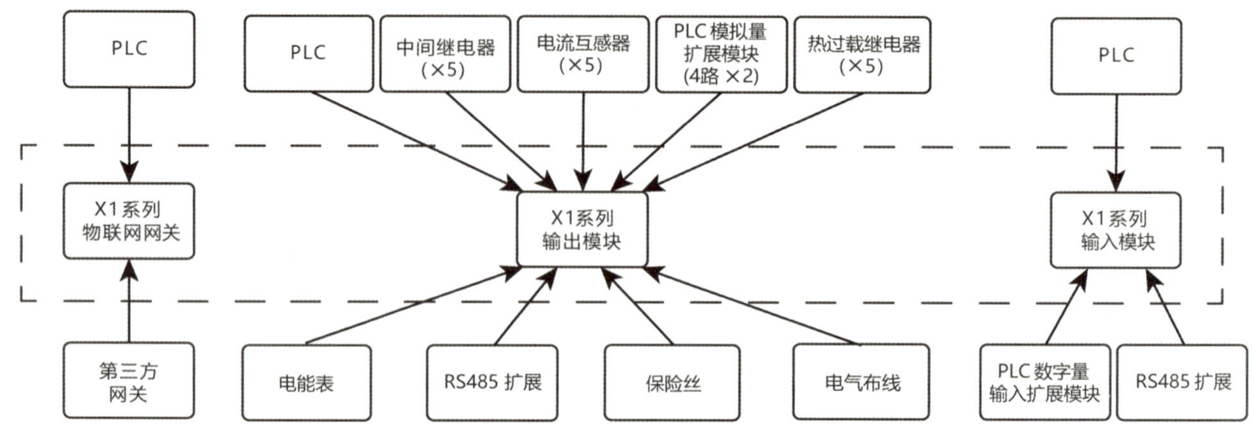

图 4-4　合续 X1 系列物联网控制器的整合方案

（3）技术特点

H1 系列物联网控制器与 X1 系列物联网控制器具有如下特点：

①性能强大。控制器集成了 32 位高性能处理器与丰富的通信接口，可通过 4G/Cat1 等移动蜂窝网络直接接入互联网，实现远程信息化监控；集成了电源（H1 系列）、处理器、4G 基带、输入、输出、传感器、保护器、标准化控制软件、云平台接入程序等软硬件，用户无须进行二次开发。

②功能全面。可实现设备的手动控制、自动控制、半自动调试、1 用 1 备控制、分组控制、液位控制、超高液位保护、待机运行、定时运行、间隔时间运行、主备间隔交替运行、主备故障切换、延时启动、延时停止、电压调节、电流调节、电压方向调节、电压测量、电流测量、电能计量、过载保护、过载报警、断路报警等功能。

③安全可靠。可实时监测控制回路的电压、电流和电能等数据，智能诊断设备异常，可预防设备故障或防止负载设备进一步损坏，进而减少系统故障率。

④通用性强。可广泛应用于智慧水务、智慧农业、智能楼宇和智慧城市等涉及物联网控制需求的领域；H1 系列物联网控制器输入电压采用全球通用的 85 ～ 264 VAC 超宽电压区间，无须考虑供电适配性。

（4）系统原理

以合续中国罐卧罐设备中基于 X1 物联网控制器的电气控制系统为例，该系统采用 AC220V/50Hz 民用电源供电，可以实现提升泵、气泵、电磁阀、计量泵、液体电磁流量计以及温度传感器、气体压力传感器、硫化氢检测仪等装置或在线监测仪表的联控。系统支持全网通 4G/LTE Cat1 物联网通信网络，只需插入 4G 数据流量卡即可直接接入合续村镇污水处理管理云平台。用户可通过平台的 Web 前端或移动 Android 端轻松实现设备的远程监控，也可通过精心设计的 HMI 触摸屏人机界面进行现场监控调试，无须专业学习即可上手操作，整个控制系统的原理如图 4-5 所示。

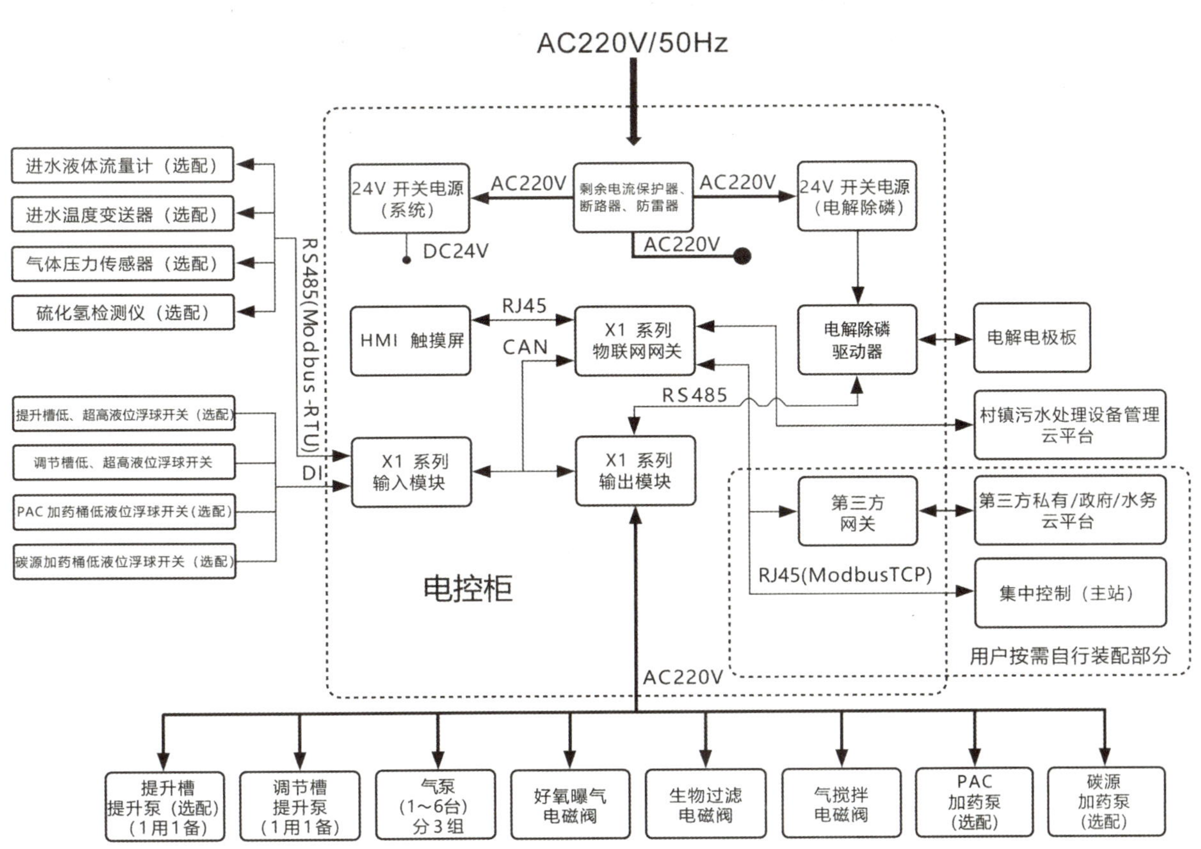

图 4-5　X1 系列物联网控制器在中国罐卧罐设备中的应用原理

X1 系列物联网网关是系统中的核心控制单元，负责系统逻辑控制、数据处理和网络通信；X1 系列输入模块实现对外部开关量信号和仪器仪表的数据采集；X1 系列输出模块实现对外部负载设备电源控制和电流监测以及电解除磷驱动器的控制。

（5）控制逻辑

以合续中国罐卧罐设备中基于 X1 物联网控制器的电气控制系统为例，设备的工艺控制需求相对简单，通过物联网控制器可以实现表 4-2 中的基本功能逻辑。

表 4-2　合续中国罐卧罐自动控制系统的基本功能逻辑

项目	集水池提升泵	调节池提升泵	气泵	曝气电磁阀	反洗电磁阀	PAC 加药泵	碳源加药泵	气搅拌电磁阀	电解除磷
手动控制	●	●	●	●	●	●	●	●	●
自动控制	●	●	●	●	●	●	●	●	●
半自动调试	●	●	●	●	●	●	●	●	●
1 用 1 备控制	●	●							
分组控制			●						
液位控制	●	●				●	●		
超高液位保护	●	●							
待机运行			●						
间隔时间运行		●	●（待机）	●	●			●	
主备间隔交替运行	●	●							
主备故障切换	●	●							
延时启动						●	●		

项目	集水池提升泵	调节池提升泵	气泵	曝气电磁阀	反洗电磁阀	PAC加药泵	碳源加药泵	气搅拌电磁阀	电解除磷
延时停止						●	●		
电压调节									●
电流调节									●
电压方向调节									●
故障报警	●	●	●	●	●	●	●	●	●

注：●为所具备的功能项。

（6）人机界面

人机界面是人与机器信息交互的接口。目前主流的界面形式为触摸屏界面，与传统的物理按键和调节器件相比大大简化了系统接口的复杂性，提高了信息交互的效率，使用户可以更加直观地了解和控制设备。通常情况下，设备自动控制系统的人机界面包含如表 4-3 所示的功能板块。

表 4-3　自动控制系统的人机界面功能

序号	功能板块	●必备 / ▲可选
1	角色权限管理	▲
2	场站信息管理	▲
3	设备信息管理	●
4	在线仪表监控	▲
5	设备数据监控	●
6	设备状态监控	●
7	设备参数调节	●
8	历史数据查看	▲

序号	功能板块	●必备 / ▲可选
9	逻辑功能配置	▲
10	工艺组态显示	▲
11	历史报警记录	●
12	故障分类提示	▲

人机界面的页面设计风格一般不作特定要求，但应遵循简单易用、操作灵活、逻辑清晰、功能完善等基本原则。人机界面部分功能板块的示例如图4-6所示。

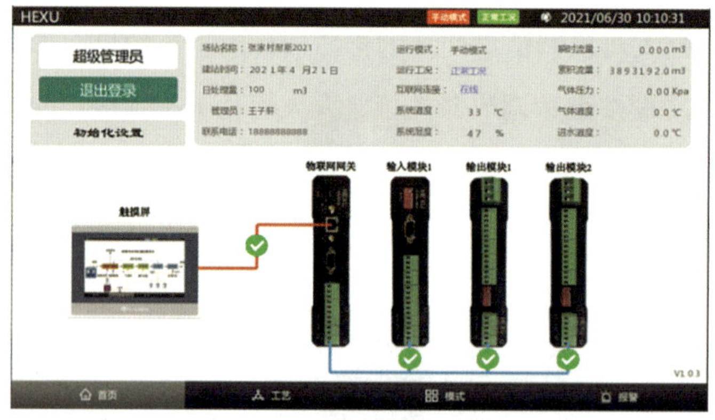

（a）首页

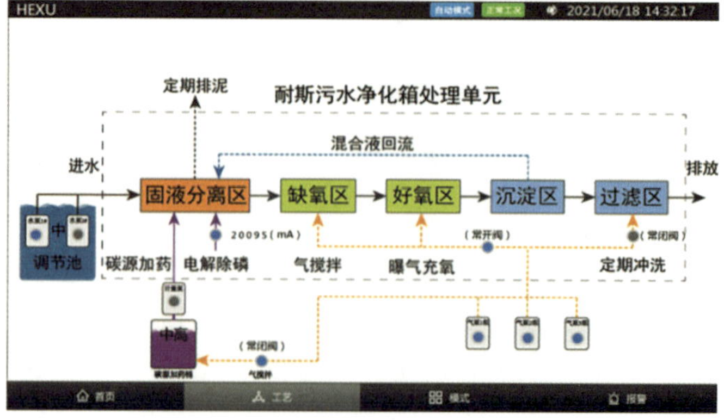

（a）工艺状态页面

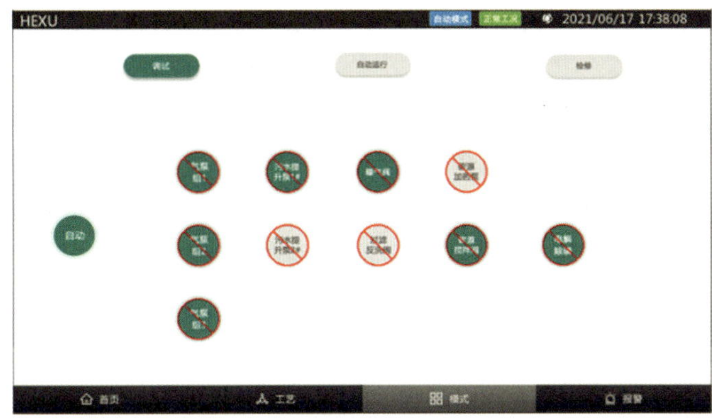

（c）调试页面

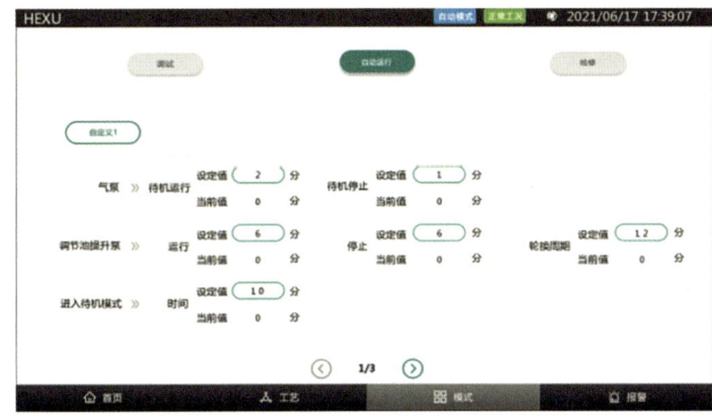

（d）自动运行参数页面

图 4-6　合续中国罐卧罐自动控制系统的人机界面范例

（7）数据接口

国内外乡村生活污水一体化处理设备的生产厂家繁多，各自的工艺和自动控制系统的技术方案存在巨大差异。为了减少不同厂家设备之间以及设备与第三方监控之间的数据互通障碍，自动控制系统应具备行业标准通用的通信接口、通信协议和数据格式并提供开放的数据变量地址表。

通信接口通常采用工业标准接口，常规的工业接口包括 RS232、RS485、RS422、CAN、RJ45（以太网）等。

通信协议应采用常规的工业通信协议，其中 MODBUS 和 TCP/IP 协议使用最为普遍，此外 MQTT 协议是在当下工业 4.0 时代最具潜力的工业物联网协议。

数据格式是一种数据交换格式，乡村生活污水一体化处理设备的数据通常不会太多，原则上选择轻量级，易于人阅读和编写，同时也易于机器解析和生成的数据格式。如当前最为理想的通用格式（Java Script Object Notation，JSON）。

数据变量是通信接口、通信协议和数据格式的核心承载，决定了自动控制系统与第三方数据交换的具体内容，一般需要在程序设计时确定。

4.3.3 云管理系统

乡村污水处理系统由数量庞大的一体化污水处理设备组成，这些设备具有工艺流程固定、小而分散等特点，在如巡检和检修时需运维人员到场会造成运维效率低下、运维难度和成本巨大等问题。利用云技术、物联网、大数据、移动互联网等先进技术构建的云管控系统，可以显著提高乡村分散式污水处理设施的运营管理效率，减少运维成本，有效保障设施的正常运行和出水水质的稳定达标。此外，通过 PC 端与移动端 App 结合可将所有工作环节与云管理系统无缝衔接，可以彻底解决以往系统建设之后很难落地使用的问题。

（1）云管理系统的构成

所谓“云”，是指由虚拟资源、存储、应用和服务构建而成的资源池。可以理解为服务器的软硬件资源虚拟化成不同的服务，如软件即服务（SaaS）、平台即服务（PaaS）、基础设施即服务（IaaS）。

本信息化云管理系统属于 IaaS 服务模式，是将设备端（控制单元的控制数据、在线仪表的传感数据、摄像头的图像数据）、物联网端（通过网关或数采仪等对设备数据进行采集、处理和传输）、云平台端（数据处理服务、计算服务和应用软件服务）三大部分整合构成的设备信息化管理服务平台，如图 4-7 所示。

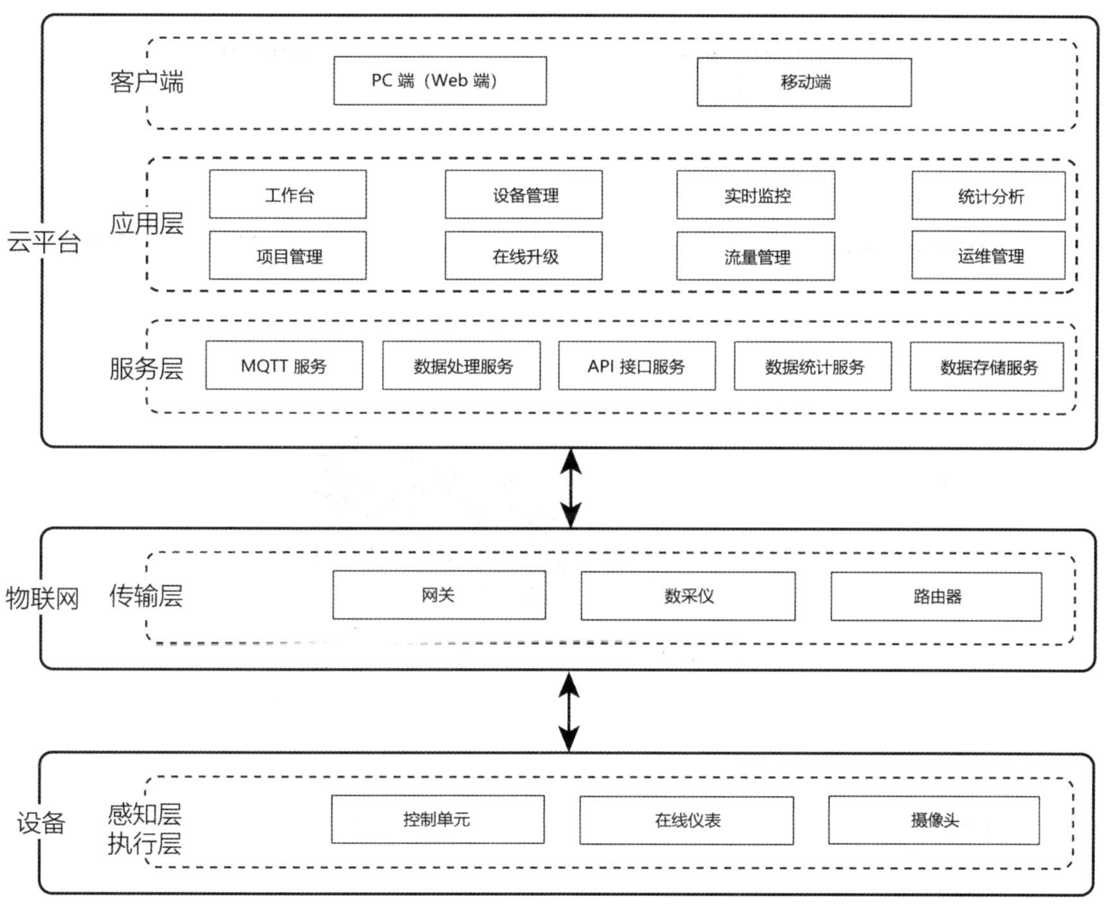

图 4-7　乡村生活污水一体化处理设备云管理系统框架

通过云管理系统的建立，可以实现对设备或设施的在线远程管理，如图 4-8 所示，X1 系列物联网控制系统设备通过 MQTT 协议与云平台交互数据，平台端可以实时同步监控设备端的所有状态和数据，实现了组合逻辑控制、数据统计分析、故障管理等功能。

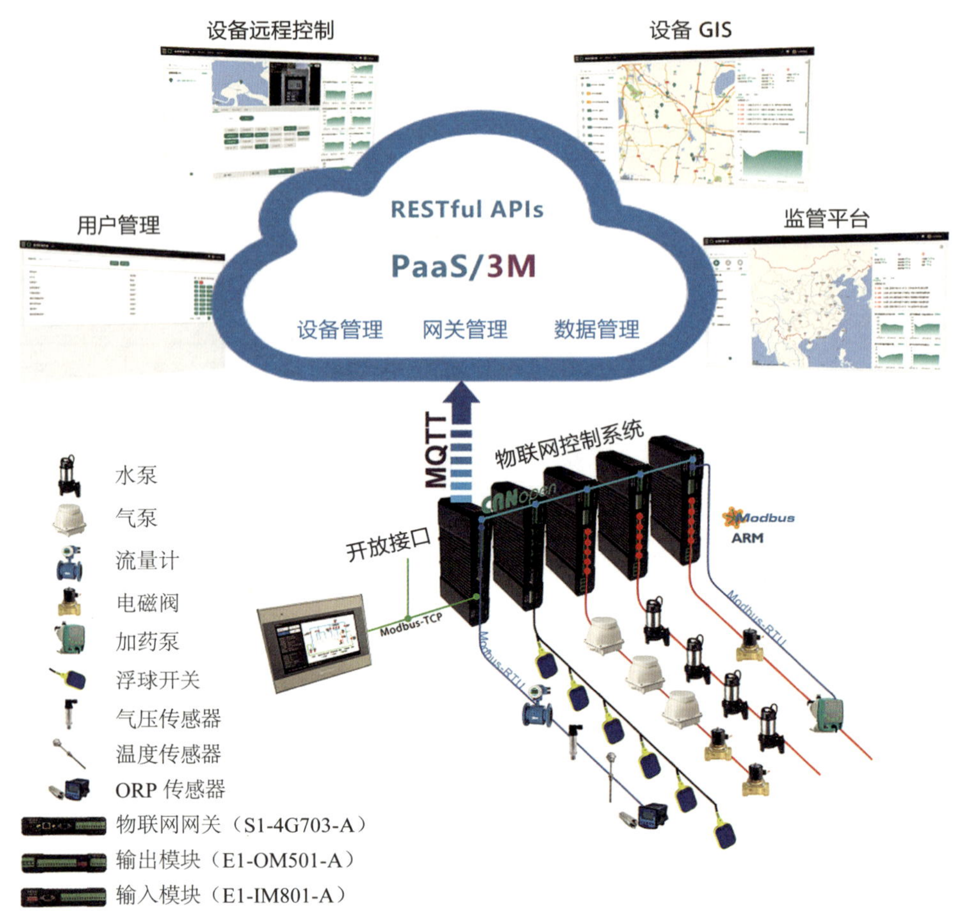

图 4-8　X1 系列物联网控制系统设备信息化云管理应用场景示意图

（2）云管理系统 PC 端（Web 端）

乡村生活污水一体化处理设备云管理系统 PC 端功能的设计应结合实际用户情况和业务需求而定，需要满足管理集中、业务多样、信息直观、数据全面、实时监控、远程控制等要求。通常情况下，云管理系统 PC 端的功能板块应包括如表 4-4 所示的内容。云管理系统 Web 端界面部分应遵循简单易用、操作灵活、逻辑清晰、功能完善等基本原则，其功能板块的示例如图 4-9 所示。

表 4-4　乡村生活污水一体化处理设备云管理系统 PC 端功能列表

序号	功能板块	●必备 / ▲可选
1	角色权限管理	▲
2	场站信息管理	▲
3	设备信息管理	●
4	在线仪表监控	▲
5	设备数据监控	●
6	设备状态监控	●
7	设备参数调节	●
8	在线视频监控	▲
9	数据统计分析	●
10	工艺组态显示	▲
11	历史报警记录	●
12	故障分类提示	▲
13	设备在线升级	▲
14	项目管理	▲
15	流量管理	▲
16	运维管理	▲
17	设备地理信息	▲

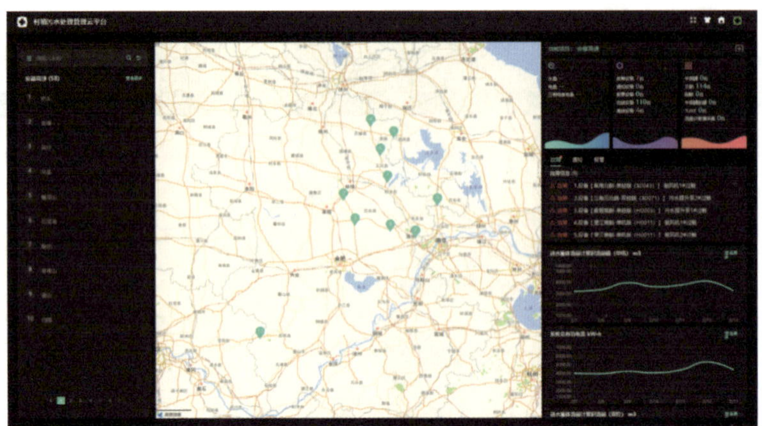

（a）管理主页面

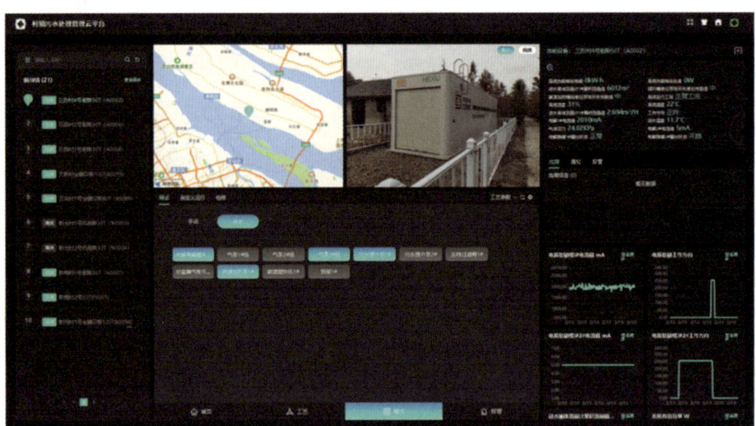

（b）设备调控控制页面

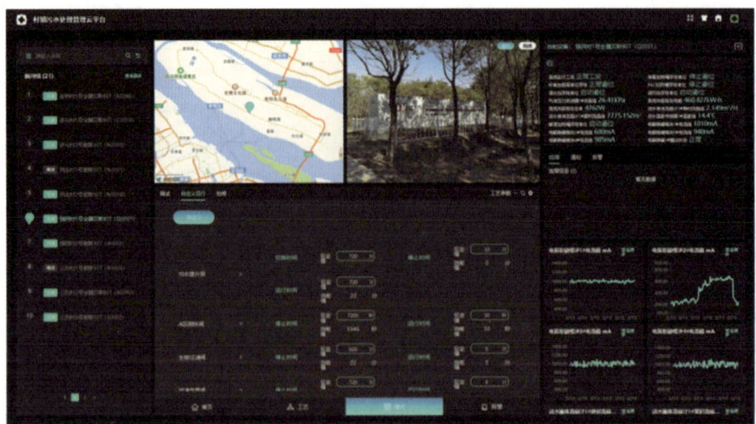

（c）设备参数调控页面

图 4-9　合续村镇污水处理云管理系统 Web 端页面范例

（3）云管理系统移动端（移动端）

乡村生活污水一体化处理设备云管理系统移动端功能的设计应结合业务需求和运维人员实际工作流程而定，需要满足使用方便、实时监控、信息直观、通知及时、视频同步、快捷导航、灵活高效等要求。通常情况下，云管理系统移动端的功能板块应包括如表 4-5 所示的内容。云管理系统移动端（手机）界面部分也应遵循简单易用、操作灵活、逻辑清晰、功能完善等基本原则，其设备调试界面的示例如图 4-10 所示。

表 4-5　乡村生活污水一体化处理设备云管理系统移动端功能列表

序号	功能板块	●必备 / ▲可选
1	场站信息管理	▲
2	设备信息管理	●
3	在线仪表监控	▲
4	设备数据监控	●
5	设备状态监控	●
6	设备参数调节	●
7	在线视频监控	▲
8	数据统计分析	▲
9	工艺组态显示	▲
10	历史报警记录	●
11	故障分类提示	▲
12	运维工单管理	▲
13	设备定位导航	●

（a）主页 （b）设备分布 （c）设备工艺 （d）设备监控

（e）参数调控 （f）视频回放 （g）故障报警 （h）数据报表

（i）GIS 管理 （j）设备导航

图 4-10　合续村镇污水处理云管理系统移动端页面示例

参考文献

中华人民共和国国家质量监督检验检疫总局，中国国家标准化管理委员会，2014. 色漆和清漆防护涂料体系对钢结构的防腐蚀保护：GB/T 30790—2014[S]. 北京：中国标准出版社 .

国家质量技术监督局，1998. 色漆和清漆　漆膜的划格试验：GB/T 9286—1998[S]. 北京：中国标准出版社 .

王洪臣，2018. 探索农村污水治理的中国之路——浅议农村污水治理设施的规划、建设与管理 [J]. 给水排水，54（5）：1-3.

文一波，2016. 中国村镇污水处理系统解决方案 [M]. 北京：化学工业出版社 .

中国国际贸易促进委员会建设行业分会，2021. 小型生活污水处理设备评估认证规则：T/CCPITCUDC-002-2021[S]. 北京：中关村中科水环境保护创新推广中心 .

张玉清，周威，彭安妮，2017. 物联网安全综述 [J]. 计算机研究与发展，54（10）：2130-2143.

Part 5

第5章　乡村生活污水一体化处理经典案例

5.1　雄安新区乡村生活污水治理案例

5.1.1　项目概述

项目特色：大集中处理且出水要求高。

建设时间：2019 年 11 月。

建设规模：200 m^3/d。

项目目标：出水水质标准执行河北省《大清河流域水污染物排放标准》（DB13/2795—2018）重点控制区的排放标准（表 5-1）。

表 5-1　工程设计进出水水质

项目	COD_{Cr}	BOD_5	NH_3-N	TN	TP
进水 /（mg/L）	400	200	40	50	5
出水 /（mg/L）	30	6	1.5(2.5)	15	0.3

注：括号外数值为水温＞ 12℃时的控制指标，括号内数值为水温≤ 12℃时的控制指标。

5.1.2　项目背景

2019 年 1 月，河北省发布《白洋淀生态环境治理和保护规划（2018—2035 年）》，规划明确指出乡村污水处理是白洋淀生态环境治理的重要内容之一。该项目是雄安新区白洋淀农村污水、垃圾等环境问题先行项目之一，得到中国住房和城乡建设部立项支持。

项目位于河北省保定市安新县东部，年平均气温为 13.4℃，1 月平均气温为 –4.3℃，7 月平均气温为 26.4℃。项目所在村 1 530 余户，户籍人口 4 325 人，外出务工人员约占 1/3。村内有 6 个水冲公厕，村中居民户厕覆盖率约为 1/3。村每日供水时间约 5 h，为 6:30—9:30 和 16:30—18:00，如遇红白事多供 1 ～ 2 h。目前居民家中均装有自来水水表，可按照实际使用量收取水费。项目服务人口大约 2 570 人。

5.1.3 处理方案

鉴于项目地处环境敏感区且排放标准严格，选择脱氮除磷性能突出的改良 Bardenpho-MBBR 污水一体化处理工艺。工艺流程如图 5-1 所示，一体化处理设备参数见表 5-2。生活污水经收集管网排入提升井，依次流经格栅、调节池，最后经提升泵提升至一体化设备内进行生化处理后达标排放。剩余生化污泥经过污泥池短暂存储后外运处置。本项目选用地上式一体化处理装备，考虑冬季气温低，在设备外覆盖保温层维持水温，保持生化处理效率。运行费用为 1.2 元 /m^3（除人工费用）。

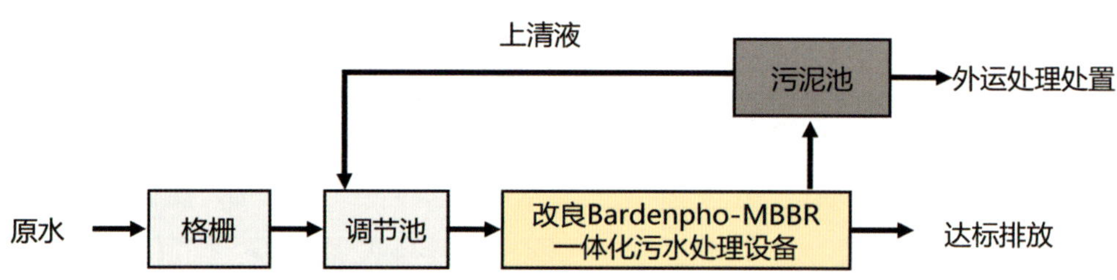

图 5-1　雄安新区圈头乡采蒲台村污水处理工艺流程（超级贝斯）

表 5-2　改良 Bardenpho-MBBR 工艺一体化设备参数

项目	参数	备注
处理工艺	改良 Bardenpho-MBBR	
处理对象	典型生活污水	
额定处理量 /（m^3/d）	75	
进水方式	潜污泵提升进水	
生化停留时间 /h	12.6	
需气量 /（m^3/min）	1.03	
填料种类	优选生物量递增海绵体	
装机功率 /kW	2.88	气泵版

项目	参数	备注
运行功率 /kW	1.76	气泵版
吨水能耗 /（kW · h/m^3）	0.56	气泵版
箱体材质	SPA-H（耐候钢）	白色 + 灰色
设备尺寸（$L\times W\times H$）/m	12.3×2.4×2.7	
设备自重 / t	8.1	
运行重量 / t	72.3	
设备安装方式	地上式	

5.1.4　处理效果

改良型 Bardenpho-MBBR 污水处理工艺能有效达到工程目标，且处理效果良好，处理后稳定达到《大清河流域水污染物排放标准》（DB13/2795—2018）中重点控制区排放限值要求。在冬季极端低温条件下（水温为 7 ～ 8℃），脱氮性能突出，出水 NH_3-N<1 mg/L、TN 为 6 ～ 10 mg/L。项目现场如图 5-2 所示。

图 5-2　雄安新区某乡村生活污水处理案例现场

5.1.5 运维要点

①日常运维采用“线上监控、线下巡检”的运维管理模式。线上监控通过云平台远程完成，线下定期巡检内容主要包括设备运行情况和工艺运行情况。

②建立日常水质监测制度，定期开展进出水水质监测。

③原水 C/N 低时，可通过切换分段进水模式或外加碳源，提高处理效率。

④项目原水水质水量波动大，对设备处理效率影响大，应确保调节池内提升泵的正常运行、控制好调节池液位，避免出现设备长时间超过设计水量运行的现象。

⑤因特殊原因需要长期停运设备时，要定期对气泵、水泵、电控柜等用电设施进行维护，确保设备可随时正常启动。

⑥其余参考改良型 Bardenpho-MBBR 污水处理工艺的运维要点。

5.2 河南省开封市乡村生活污水治理案例

5.2.1 项目概述

项目特色：分户 / 联户处理模式。

建设时间：2019 年 8 月。

建设规模：覆盖 7 个行政村，服务人口约 5 000 人。

项目目标：出水水质标准执行河南省《农村生活污水处理设施水污染物排放标准》（DB41/1820—2019）三级排放标准（表 5-3）。

表 5-3　工程设计进出水水质

项目	COD_{Cr}	NH_3-N	SS
进水 /（mg/L）	400	60	200
出水 /（mg/L）	100	20（25）	50

注：括号外数值为水温＞ 12℃时的控制指标，括号内数值为水温≤ 12℃时的控制指标。

5.2.2　项目背景

《农村人居环境整治三年行动方案》重点提出推进农村“厕所革命”。该项目为开封市农村“厕所革命”的示范项目，覆盖 7 个行政村，1 000 余户，人口约 5 000 人。执行河南省《农村生活污水处理设施水污染物排放标准》（DB 41/1820—2019）三级排放标准。

乡村生活污水处理主要面临以下问题：

①生活污水难以集中收集。因厕所建设尚不完善，生活污水难以集中收集。绝大多数村庄没有污水管网，且缺乏配套的污水处理设施，污水大部分未经处理就直接排入附近河道。

②污水收集不完全，未重视灰水处理。污水处理率低，部分已安装化粪池的农户，仅仅是接入了厕所的污水，未将洗涤、洗浴和厨房污水与厕所污水统一收集（未完成“四水”收集），这些污水若直接排放仍会对周边环境造成污染，需要完善“厕所革命”的处理。

5.2.3　处理方案

该项目为“厕所革命”的配套工程，因此灵活选择分户 / 联户的处理模式，其一体化设备兼具污水收集和处理功能。分户 / 联户处理中，存在安装费用高的问题，鉴于其安装施工要求较低，项目采用政府组织、企业指导、农户安装的模式。该模式可有效降低建设成本，并提高农户的参与度，促进农户对设备操作的了解和对环境的整治及卫生安全的认识。

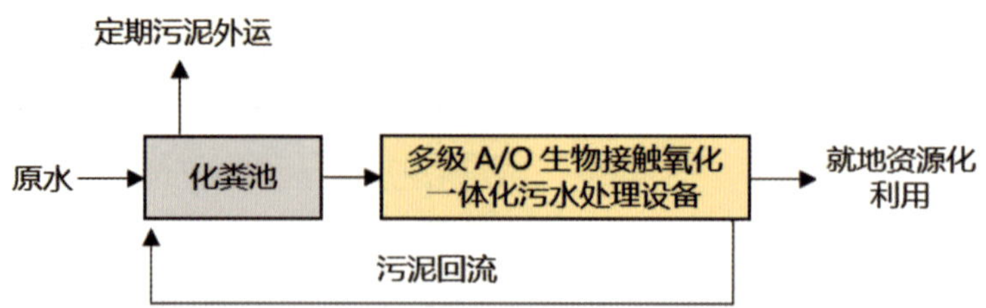

图 5-3 河南省开封市某乡村生活污水处理项目工艺流程

项目采用抗冲击负荷能力强且运维简单的多级 A/O 生物接触氧化一体化处理设备。设备主要工艺流程为：生活污水以重力自流的方式进入设备内，经化粪区预处理（固液分离、厌氧发酵）后，依次流经多级缺氧区（有机物去除、反硝化脱氮）、多级好氧区（内填装生物量递增海绵填料，去除有机物、氨氮），最后进入沉淀区沉淀。出水可直接排放，或流入回用水池供用户灌溉等使用。设备参数见表 5-4。该设备可用于化粪池之后（图 5-3），也可通过多台设备组合的方式用于无化粪池的场景。

该项目建设费用为 5 000 元 / 户，运行费用为 0.2 元 / m^3（除人工费用）。

表 5-4 多级 A/O 生物接触氧化污水一体化单罐设备参数

项目	参数	备注
处理工艺	多级 A/O 生物接触氧化法	
处理对象	生活污水	
设备尺寸（$D\times H$）/mm	Φ705×1 550	
有效水深 /m	1.1	
处理量 /（m^3/d）	0.4	
填料种类	缺氧区填料：多面空心球 好氧区填料：优化生物量递增海绵体	
生化停留时间 / h	24	

项目	参数	备注
供气量需求 /（L/min）	38	
装机功率 /W	16	
运行功率 /W	16	
吨水能耗 /（kW·h/m^3）	0.96	
设备自重 /kg	25	单罐
安装方式	地埋式	

5.2.4　处理效果

项目能有效达到工程目标，一体化设备处理效果良好，出水水质可稳定达到河南省《农村生活污水处理设施水污染物排放标准》（DB41/1820—2019）三级排放标准。项目现场如图 5-4 所示。

图 5-4　河南省开封市某乡村生活污水处理案例现场

5.2.5　运维要点

①采用“日常维护 + 专业维护”双模式。日常维护由农户承担，包括进水控制、堵塞处理、正常供电等；专业维护由专业技术人员负责，包括气泵清理、水质监测、设备调试、抽泥、设备维修等。

②因分户设备的独有运行工况（直接面对具体用户，且取电来源于对应用户），运营维护需确保设备长期稳定处于供电状态，否则会严重影响设备实际处理效果。

③一体化设备需要定期清淤，通常为一年一次。

④项目采用地埋式，因此若遇到极端天气（如暴雨）导致设备浸没，天气正常后需清淤恢复设备功能。

5.3 江苏省溧阳市乡村生活污水治理案例

5.3.1 项目概述

项目特色：小集中处理，出水要求高。

建设时间：2019 年 2 月。

建设规模：20 m^3/d。

项目目标：出水水质标准执行《城镇污水处理厂污染物排放标准》（GB 18918—2002）（表 5-5）。

表 5-5 工程设计进出水水质

项目	COD_{Cr}	BOD_5	NH_3-N	TN	TP	SS
进水 /（mg/L）	400	200	40	50	5	200
出水 /（mg/L）	50	10	5（8）	15	0.5	10

注：括号外数值为水温＞ 12℃时的控制指标，括号内数值为水温≤ 12℃时的控制指标。

5.3.2 项目背景

江苏省是中国最早开展乡村污水治理的省份之一，部分地区已实现乡村污水治理全覆盖。江苏省溧阳市乡村生活污水综合治理项目总投资估算约

13 亿元。该工程对溧阳市 935 个重点村的生活污水进行综合治理，涉及溧阳市下辖 1 个街道 10 个建制镇的 150 个行政村、935 个自然村，受益户数为 91 130 户。本项目涉及 4 个镇区的乡村生活污水处理，合计使用一体化处理设备 155 套，其中 110 套出水要求按《城市污水处理厂污染物排放标准》（GB 18918—2002）一级 B 类标准，45 套出水要求按《城市污水处理厂污染物排放标准》（GB 18918—2002）一级 A 类标准。由于项目一体化设备数量多，此处仅以其中一个站点作为典型具体介绍。

该站点距离街镇 18 km，有 23 个自然村（32 个村民小组），占地面积为 14.7 km^2，总人口为 3 860 人。村中年轻人大多长期外出务工，常住人口以老人、妇女与儿童为主体，用水相对节约，日常生活污水的排放量相对较少；春节前后及节假日，外出务工人员大量返乡，排放量激增；排水集水设施建设不健全、雨污合流，水量水质随季节、天气情况波动大。其生活污水处理主要特点是①出水标准要求高（GB 18918—2002 一级 A 类标准）；②进水 COD 较低，C/N 失衡。

5.3.3　处理方案

考虑现场进水量波动大、出水要求高，选择抗冲击负荷能力强、处理性能突出的多级 A/O 生物接触氧化污水一体化处理工艺。该工艺除磷效率低，因此在一体化设备内配置电解除磷模块。项目工艺流程如图 5-5 所示，一体化处理设备参数见表 5-6，项目主体构筑物提升井为 1 000 mm×2 000 mm×4 000 mm。具体流程为生活污水经户用的隔油池和化粪池收集到提升井中，格栅隔除悬浮或沉淀的超大颗粒固体物质，然后流入流量调节槽由提升泵送至多级 A/O 生物接触氧化工艺污水一体化处理设备处理后达标排放，系统产生的污泥定期外运。其运行费用为 1.4 元 /m^3（人工费用除外）。

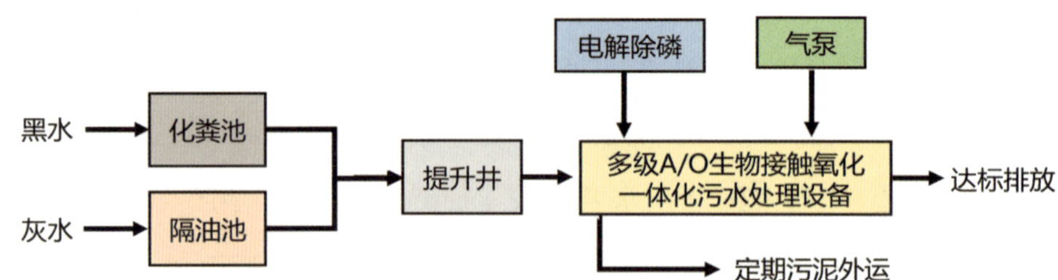

图 5-5 江苏省溧阳市某乡村生活污水处理项目工艺流程

表 5-6 多级 A/O 生物接触氧化法工艺一体化设备参数

项目	参数	备注
处理工艺	多级 A/O 生物接触氧化法	
处理对象	乡村生活污水	
进水方式	潜污泵提升间歇进水	
生化停留时间 /h	32	
需气量 /（m^3/min）	0.25	
填料种类	优选生物量递增海绵体	
装机功率 / kW	1.56	气泵版
运行功率 / kW	0.34	气泵版
吨水能耗 /（kW · h/m^3）	1.63	气泵版
设备主体材质	PP+ 玻纤	浅灰色
设备尺寸（$L\times W\times H$）/m	5.5×2.0×2.3	
设备自重 /t	1.36	
运行重量 /t	11.7	
设备安装方式	地埋式	

5.3.4　处理效果

多级 A/O 生物接触氧化污水处理工艺能有效达到工程目标。项目设备运行稳定，处理效果良好，处理后出水水质各项指标均能稳定达到《城镇污水处理厂污染物排放标准》（GB 18918—2002）一级 A 类标准。项目现场如图 5-6 所示。

图 5-6　江苏省溧阳市某乡村生活污水处理案例现场

5.3.5　运维要点

① 日常运维采用“线上监控、线下巡检”的运维管理模式。线上监控通过云平台远程完成，线下定期巡检内容主要包括设备运行情况（特别是电解除磷模块）、工艺运行情况。

② 建立日常水质监测制度，定期开展进出水水质监测项目。

③ 为保证设备正常运行，现场污泥需要定时清理外置，一般污泥抽取外运周期为 3 ～ 6 个月，需要定期观察设备污泥堆积情况。

④ 项目采用地埋式，因此若遇到极端天气（如暴雨）导致设施浸没，天气正常后需清淤恢复设施功能。

⑤及时清理设施预处理部分隔油设施的油污，确保油污不进入设施生化工艺段。通常隔油设施需每 1 ～ 2 个月集中清理 1 次油污。

⑥现场进水 COD 较低、C/N 失衡，需定期投加碳源。

⑦其余参考多级 A/O 生物接触氧化处理工艺的运维要点。

5.4 江苏省南京市乡村生活污水治理案例

5.4.1 项目概述

项目特色：小集中处理，出水氮磷要求较低。

建设时间：2019 年 7 月。

建设规模：10 m^3/d。

项目目标：出水水质标准执行江苏省《农村生活污水处理设施水污染物排放标准》（DB32/3462—2020）一级 B 类标准（表 5-7）。

表 5-7 工程设计进出水水质

项目	COD_{Cr}	NH_3-N	TN	TP	SS
进水 /（mg/L）	400	40	50	6	200
出水 /（mg/L）	60	8（15）	30	3	20

注：括号外数值为水温＞ 12℃时的控制指标，括号内数值为水温≤ 12℃时的控制指标。

5.4.2 项目背景

本项目位于江苏省南京市六合区，项目实施时江苏省已出台地方标准《农村生活污水处理设施水污染物排放标准》（DB32/3462—2020），故不再执行案例 5.3 所述标准。根据“六合区 2019 年农村人居环境整治示范村农村污水处理设施建设实施建议”，为推进 2019 年农村人居环境整治示范村农村污水处理设施建设，对雄州街道山北社区、冶山街道双墩社区等 711 个农村人居环境整治示范区先行开展建设，以完成六合区全部自然村污水处理设施全覆盖。

项目承担了 6 个街镇、412 个站点的乡村生活污水处理设施建设。由于项目设计范围广、一体化设备数量多，此处仅以其中一个站点作为典型具体介绍。该站点服务居民 67 户，户籍人口 218 人，常住人口 144 人。其生活污水的主要特点是①出水标准对 TN 和 TP 的要求较为宽松；②对氨氮的要求较高；③进水 COD 较低，C/N 失衡。

5.4.3　处理方案

考虑现场进水量波动大，总氮处理要求相对较低，选择抗冲击负荷能力强、工艺更简单的 SND 型生物接触氧化污水一体化处理工艺。鉴于该工艺除磷效率低，在一体化设备内增加电解除磷模块。项目工艺流程如图 5-7 所示，一体化处理设备参数见表 5-8。各户的生活污水进入化粪池和隔油池后，通过管道收集自流进入集中污水处理站的调节池内，再通过调节池水泵提升进入一体化处理设备处理后达标排放。其运行费用为 1.07 元 /m^3（人工费用除外）。

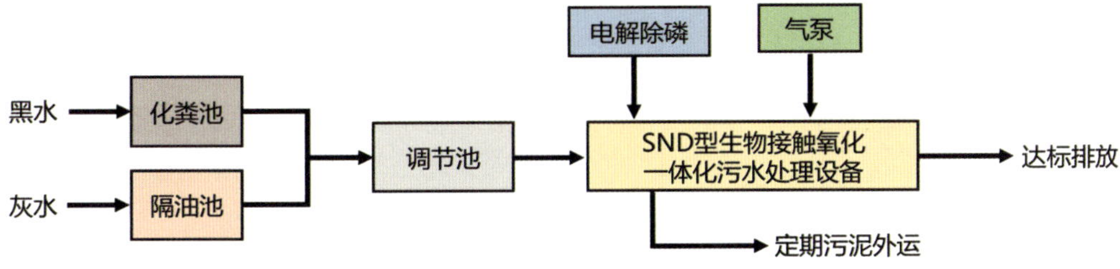

图 5-7　江苏省南京市某乡村生活污水处理项目工艺流程

表 5-8　SND 型生物接触氧化工艺一体化处理设备参数

项目	参数	备注
处理工艺	SND 型生物接触氧化工艺	
处理对象	典型生活污水	
进水方式	潜污泵提升进水	
生化停留时间 /h	13	
需气量 /（m^3/min）	0.4	
填料种类	优选生物量递增海绵体	
装机功率 /kW	0.43	气泵版
运行功率 /kW	0.36	气泵版
吨水能耗 /（kW · h /m^3）	0.86	气泵版
箱体材质	PPH（PP 材质）	白色或者奶白色
设备尺寸（L×W×H）/m	5.0×2.0×3	
设备自重 /t	1.1	
运行重量 /t	13.9	
设备安装方式	地埋式	

5.4.4　处理效果

项目采用同步硝化反硝化（SND）工艺，能有效达到工程目标。一体化设备运行稳定，处理效果良好，出水水质可稳定达到江苏省《农村生活污水处理设施水污染物排放标准》（DB32/3462—2020）一级 B 类标准。项目现场如图 5-8 所示。

图 5-8　南京市六合区某乡村污水处理案例现场

5.4.5　运维要点

①日常运维采用“线上监控、线下巡检”的运维管理模式。线上监控，通过云平台远程完成，线下定期巡检内容主要包括设备运行情况（特别是电解除磷模块）、工艺运行情况。

②建立日常水质监测制度，定期开展进出水水质监测。

③为保证设备正常运行，现场污泥需要定时清理外置，一般污泥抽取外运周期为 3 ～ 6 个月，需要定期观察设备污泥堆积情况。

④项目采用地埋式，因此若遇到极端天气（如暴雨）导致设备浸没，天气正常后需清淤恢复设备功能。

⑤其余参考 SND 型生物接触氧化工艺的运维要点。

5.5 上海市崇明区乡村生活污水提标案例

5.5.1 项目概述

项目特色：尾水处理，出水要求高。

建设时间：2021 年 7 月。

建设规模：30 m^3/d。

项目目标：出水水质标准执行上海市《农村生活污水处理设施水污染物排放标准》（DB31/T 1163—2019）一级 A 类标准（表 5-9）。

表 5-9 工程设计进出水水质

项目	COD_{Cr}	NH_3-N	TN	TP	SS
进水 /（mg/L）	80	30	35	3	50
出水 /（mg/L）	50	8	15	1.0	10

5.5.2 项目背景

2017—2018 年上海市崇明区推进了 32 项乡村生活污水处理项目，覆盖 18 个乡镇，涉及 23.4 万户，建设处理设施 1.77 万座，采用的污水处理设备为日本净化槽。2020 年，上海市水务局对前期乡村污水处理项目进行了调研，针对净化槽出水氮磷浓度难以达到上海市《农村生活污水处理设施水污染物排放标准》（DB31/T 1163—2019）一级 A 类标准这一问题，提出开展全域提标改造建设工程，要求对于具备纳管条件的地区，优先通过压力管纳管收集生活污水或净化槽出水进行统一处理；对于不具备纳管条件的地区，归并净化槽排水口并新建后端处理设施，以提升尾水水质。相关改造涉及约 11 万户，需新建污水处理设施 1 000 套左右。

本项目承担了上海市崇明区 3 个镇，共计 40 个乡村生活污水尾水提标改造站点（20 ～ 120 m^3/d 处理量）的建设任务。这里以其中一个 30 m^3/d 处理量的站点为例介绍。该站进水的主要特点是：① NH_3-N、TN 和 TP 未达标（DB31/T 1163—2019 一级 A 类标准）；②COD 较低，造成 C/N 失衡；③进水水量变化波动大，平时进水量偏小，而节假日进水量偏大，无法达到设计处理量。

5.5.3　处理方案

鉴于进水 COD 浓度低、C/N 失衡，出水要求高，项目选择抗冲击负荷能力强、处理性能突出、碳源投加量少的多级 A/O 生物接触氧化污水一体化处理工艺。考虑该工艺除磷效率低，在一体化设备内增加电解除磷模块。项目工艺流程如图 5-9 所示，一体化处理设备参数见表 5-10。污水处理的主要工艺流程为各户的生活污水进入化粪池后，先自流进入净化槽处理，处理后的尾水再通过提升井集中收集；然后通过水泵动力传输的方式集中进入调节池，通过调节池水泵提升进入一体化处理设备进行终端处理后达标排放。运行费用为 0.78 元 /m^3（除人工费用）。

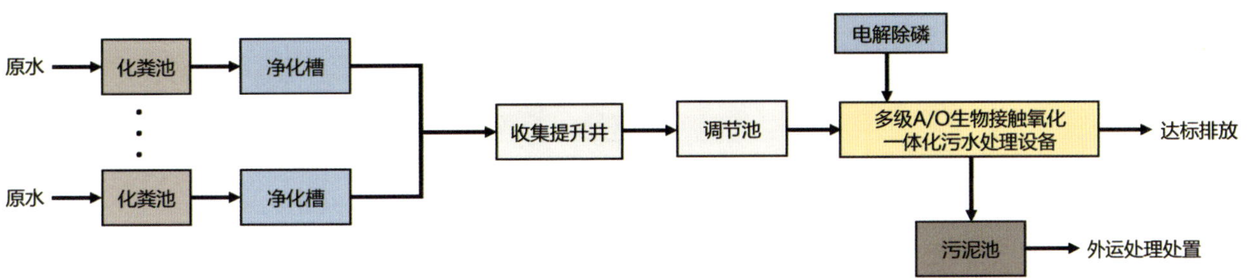

图 5-9　上海市崇明区某乡村生活污水提标项目工艺流程

表 5-10　多级 A/O 生物接触氧化工艺一体化处理设备参数

项目	参数	备注
处理工艺	多级 A/O 生物接触氧化工艺	
处理对象	净化槽尾水深度处理	
额定处理量 /（m^3/d）	30	
进水方式	潜污泵提升进水	
生化停留时间 /h	16	
需气量 /（m^3/min）	1.0	
填料种类	厌氧高效填料 + 生物量递增组合填料	
装机功率 /kW	1.34	气泵版
运行功率 /kW	1.09	气泵版
吨水能耗 /（kW · h/m^3）	0.87	气泵版
箱体材质	SPA-H（耐候钢）	白色＋灰色
设备尺寸（L×W×H）/ m	6.5×2.4×2.7	
设备自重 /t	6.0	
运行重量 /t	40	
设备安装方式	地上式	

5.5.4　处理效果

多级 A/O 生物接触氧化工艺能有效达到工程目标。一体化处理设备运行稳定，处理效果良好，出水水质可稳定达到上海市《农村生活污水处理设施水污染物排放标准》（DB31/T 1163—2019）一级 A 类标准。项目现场如图 5-10 所示。

图 5-10　上海市崇明区某乡村生活污水提标案例现场

5.5.5　运维要点

①日常运维采用“线上监控、线下巡检”的运维管理模式。线上监控通过云平台远程完成，线下定期巡检内容主要包括设备运行情况（特别是电解除磷模块）、工艺运行情况。

②建立日常水质监测制度，定期开展进出水水质监测。

③需要补充碳源使出水总氮达标，碳源补充量需根据进水 C/N 和实际总氮去除效率决定。

④根据净化槽尾水水质的季节特征，灵活调控工艺运行参数。如夏季尾水水质好，可适当降低好氧区曝气量、硝化液回流比，以达到节能降碳的目的。

⑤为保证设备正常运行，现场污泥需要定时清理外置，一般污泥抽取外运周期为 3 ～ 6 个月，需要定期观察设备污泥堆积情况。

⑥由于设备场站设立在林地内，所以维护时需要注意对树叶、树枝等杂物的清扫，防止这些杂物掉入设备内影响设备处理效果。

⑦其余参考多级 A/O 生物接触氧化工艺的运维要点。

5.6 安徽省黄山市乡村生活污水治理案例

5.6.1 项目概述

项目特色：大集中处理。

建设时间：2019 年 9 月。

建设规模：200 m^3/d。

项目目标：出水水质执行《城镇污水处理厂污染物排放标准》（GB 18918—2002）一级 B 类标准（表 5-11）。

表 5-11 工程设计进出水水质

项目	COD_{Cr}	BOD_5	NH_3-N	TN	TP	SS
进水 /（mg/L）	400	200	40	50	5	200
出水 /（mg/L）	60	20	8（15）	20	1	20

注：括号外数值为水温＞ 12℃时的控制指标，括号内数值为水温≤ 12℃时的控制指标。

5.6.2 项目背景

为进一步提升黄山市乡村污水治理能力，保障水环境质量，确保下游地区及长三角饮用水安全，黄山市人民政府确定实施黄山市乡村污水治理 PPP 项目。项目总投资 4.5 亿元，运营期 15 年。目前全市污水 PPP 项目已建成厂站 70 个，处理能力为 8 000 m^3/d。本项目属黄山市乡村污水治理 PPP 一期项目。项目服务 1 个村，595 户 2 055 人，其中常住人口 1 678 人。其生活污水排放特点为：①居民居住集中，便于生活污水集中收集、集中处理；②出水标准相对宽松。

5.6.3　处理方案

鉴于项目出水要求宽松且可采用大集中处理模式，选择占地面积小、处理性能稳定、运行能耗低的 A^3/O-MBBR（泥膜复合）污水一体化处理工艺。工艺流程如图 5-11 所示，一体化处理设备参数见表 5-12。其主要流程为：经管道收集的生活污水通过格栅去除较大悬浮物后，通过重力自流到调节池，在调节池中进行均质、均量处理，然后由提升泵泵入 A^3/O-MBBR（泥膜复合）污水一体化处理设备中，经处理后达标排放，剩余污泥排入污泥浓缩池，经浓缩后污泥外运填埋或堆肥。一体化处理设备采用地上式安装方式。项目建设费用为 5 000 元 /m^3，运行费用为 0.7 元 /m^3（除人工费用）。

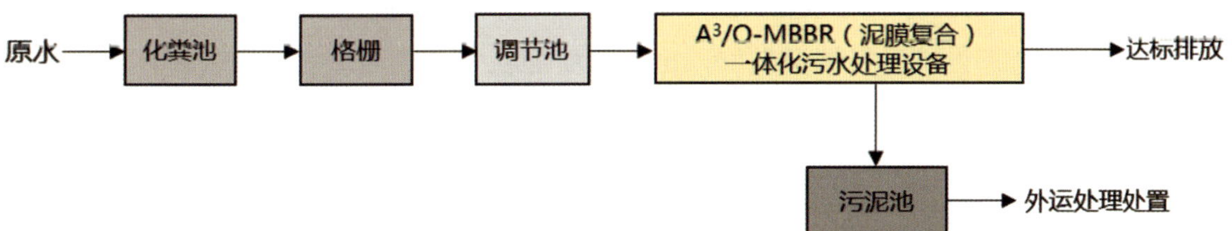

图 5-11　安徽省黄山市某乡村生活污水项目工艺流程

表 5-12　A^3/O-MBBR（泥膜复合）工艺一体化处理设备参数

项目	参数	备注
处理工艺	A^3/O-MBBR 工艺	泥膜复合
处理对象	典型生活污水	
额定处理水量 /（m^3/d）	100	
进水方式	潜污泵提升进水	
生化停留时间 /h	10.4	
需气量 /（m^3/min）	1.17	
填料种类	优选生物量递增海绵体	
装机功率 /kW	2.32	
运行功率 /kW	1.72	

项目	参数	备注
吨水能耗 /（kW·h/m³）	0.41	
箱体材质	SPA-H（耐候钢）	白色+灰色
设备尺寸（$L \times W \times H$）/m	12.3×2.4×2.7	
设备自重 /t	9.2	
运行重量 /t	68.7	
设备安装方式	地上式	

5.6.4 处理效果

A^3/O-MBBR（泥膜复合）污水一体化处理工艺能有效达到工程目标。一体化处理设备运行情况良好，出水水质能稳定达到《城镇污水处理厂污染物排放标准》（GB 18918—2002）一级 B 类标准。项目现场如图 5-12 所示。

图 5-12 安徽省黄山市某乡村生活污水案例现场

5.6.5 运维要点

①日常运维采用"线上监控、线下巡检"的运维管理模式。线上监控通过云平台远程完成，线下定期巡检内容主要包括设备运行情况、工艺运行情况。

②建立日常水质监测制度，定期开展进出水水质监测。

③根据水质水量，合理调整每日设备的排泥量。

④其余参考 A^3/O-MBBR 工艺的运维要点。

5.7　重庆市长江大保护乡村景区生活污水治理案例

5.7.1　项目概述

项目特色：大集中处理。

建设时间：2021 年 6 月。

建设规模：250 m^3/d。

项目目标：出水水质执行标准为《农村生活污水集中处理设施水污染物排放标准》（DB50/848—2018）一级标准（表 5-13）。

表 5-13　工程设计进出水水质

项目	COD_{Cr}	NH_3-N	TP	SS
进水 /（mg/L）	400	40	5	200
出水 /（mg/L）	80	20	3	30

5.7.2　项目背景

长江是中华民族的母亲河，长江流域生态环境保护与修复事关经济社会可持续发展。2021 年 3 月 1 日起，《中华人民共和国长江保护法》正式施行。重庆作为长江上游生态屏障的最后一道关口，在保护长江中下游地区生态安全方面承担着不可替代的作用。重庆长江大保护污水治理项目包含江津区新建 16 个污水处理站点，梁平区新建 11 个污水处理站点，共采用一体化处理设备 20 m^3/d（2 套）、30 m^3/d（1 套）、40 m^3/d（3 套）、50 m^3/d（28 套）、

60 m^3/d（2 套）、75 m^3/d（8 套）、120 m^3/d（4 套）、125 m^3/d（2 套）、150 m^3/d（2 套）。本项目承担其中一个 120 m^3/d 的站点建设。该站点的污水为景区污水，其主要特点为：①景区内有农家乐、避暑山庄等旅游集散点。②景区内污水管网配套完善，污水易收集，可采用大集中模式处理。③污水季节性差异大，冬季污水量少，主要源于当地景区内的常住居民。夏季游客较多，单日游客量多达 400 ～ 800 人，用水量增大，排污量随之增加。

5.7.3 处理方案

考虑该项目所在风景区，水质、水量变化较大，故采用抗冲击负荷能力强的多级 A/O 型接触氧化法工艺。工艺流程如图 5-13 所示，一体化处理设备参数见表 5-14。生活污水通过格栅自流进入调节池，经多级 A/O 生物接触氧化一体化污水处理设备处理后，达标排放。一体化设备安装方式为地上式，其运行费用为 1.1 元 /m^3（除人工费用）。

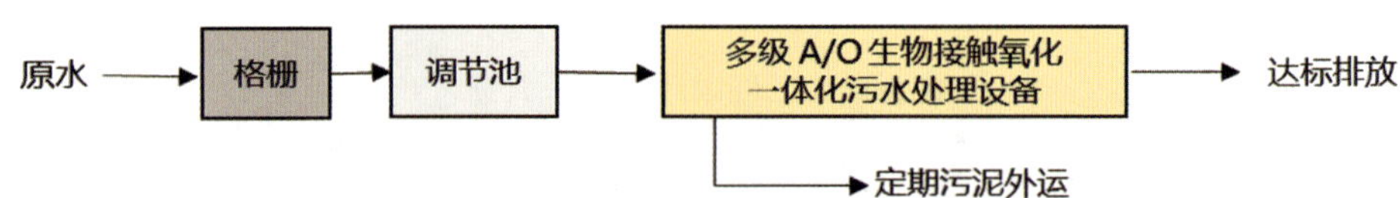

图 5-13 重庆长江大保护污水治理案例工艺流程

表 5-14 多级 A/O 生物接触氧化一体化处理设备参数

项目	参数	备注
处理工艺	多级 A/O 生物接触氧化法	
处理对象	乡村生活污水	
进水方式	潜污泵提升间歇进水	
生化停留时间 /h	16	
需气量 /（m^3/min）	1.0	
填料种类	厌氧高效填料 + 生物量递增组合填料	

项目	参数	备注
装机功率 /kW	1.34	气泵版
运行功率 /kW	1.09	气泵版
吨水能耗 /（kW · h/m^3）	0.87	气泵版
设备主体材质	SPA-H（耐候钢）	浅灰色
设备尺寸（L×W×H）/m	6.5×2.4×2.7	单个箱体
设备自重 /t	6.0	
运行重量 /t	40	
设备安装方式	地上式	

5.7.4　处理效果

多级 A/O 型生物接触氧化污水处理工艺能有效达到工程目标。一体化处理设备运行情况良好，出水水质能稳定达到《农村生活污水集中处理设施水污染物排放标准》（DB50/848—2018）一级标准（项目立项时间为 2020 年新的地方标准出台前）。项目现场如图 5-14 所示。

图 5-14　重庆长江大保护乡村生活污水处理案例现场

5.7.5 运维要点

①日常运维采用“线上监控、线下巡检”的运维管理模式。线上监控通过云平台远程完成，线下定期巡检内容主要包括设备运行情况、工艺运行情况。

②建立日常水质监测制度，定期开展进出水水质监测。

③景区季节性差异较大，在旅游旺季应加强巡检并做好运行监测记录。

④为保证设备正常运行，现场污泥需要定时清理外置，一般污泥抽取外运周期为 3 ～ 6 个月，需要定期观察设备污泥堆积情况。

⑤其余参考多级 A/O 生物接触氧化工艺的运维要点。

5.8 云南省石屏县乡村生活污水治理案例

5.8.1 项目概述

项目特色：分散式 + 集中式，出水要求高。

建设时间：2017 年 4 月。

建设规模：10 m^3/d。

项目目标：出水水质标准执行《城镇污水处理厂污染物排放标准》（GB 18918—2002）一级 A 类标准（表 5-15）。

表 5-15 工程设计进出水水质

项目	COD_{Cr}	BOD_5	NH_3-N	TN	TP	SS
进水 /（mg/L）	400	200	40	50	5	200
出水 /（mg/L）	50	10	5（8）	15	0.5	10

注：括号外数值为水温＞ 12℃时的控制指标，括号内数值为水温≤ 12℃时的控制指标。

5.8.2　项目背景

为响应国务院《关于改善农村人居环境的指导意见》（2014 年），云南省石屏县制定了异龙湖流域水污染综合防治“十二五”规划。异龙湖位于石屏县城东南，为云南省九大高原湖泊之一。异龙湖流域为石屏县人口最集中区域。流域内的村落存在污水乱排现象，使湖水受到明显污染，水生态环境趋向恶化。为此，政府规划了异龙湖沿湖村庄环境综合整治工程。根据项目要求污水治理方式为两类，一类为集中式处理，污水处理后水质达到《城镇污水处理厂污染物排放标准》（GB 18918—2002）一级 A 类标准，一类为分户式处理，污水处理后水质达到《城镇污水处理厂污染物排放标准》（GB 18918—2002）一级 B 类标准（TP 除外）。

本项目承担集中式设备 73 台和分户式污水处理设备 887 台的建设。集中式污水处理（处理量为 10 ～ 200 m^3/d），采用 A^3/O-MBBR 工艺及其一体化设备和多级 A/O 工艺及其一体化设备；分户式污水处理（处理量为 0.6 m^3/d ～ 5 m^3/d）采用 SND 工艺及其一体化设备。该污水处理工程于 2017 年开始，并分别于 2017 年、2018 年、2019 年 10 月月底实现 3 个批次的设备供应和安装调试。

案例涉及其中一个小集中处理站点的建设。该站点服务农户 50 余户，常住人口 150 余人。其生活污水排放的主要特点是：①已完成污水处理以外工程建设，包括排污管道、垃圾收集房、公厕、沤肥池等；②污水可集中收集、集中处理；③气候四季温差变化小，没有冬季极端低温情况，可选择地上式安装。

5.8.3　处理方案

现场进水量波动大、出水要求高，选择抗冲击负荷能力强、处理性能突出的多级 A/O 生物接触氧化污水一体化处理工艺。工艺流程如图 5-15 所示，一体化处理设备参数见表 5-16。生活污水经户用的隔油池和化粪池收集到提升井中，提升井中的格栅隔除悬浮或沉淀的超大颗粒固体物质，然后流入多级 A/O 生物接触氧化工艺一体化污水处理设备，处理后出水达标排放，系统产生的污泥定期外运。一体化设备采用地上式安装，运行费用为 0.5 元/m^3（除人工费用）。

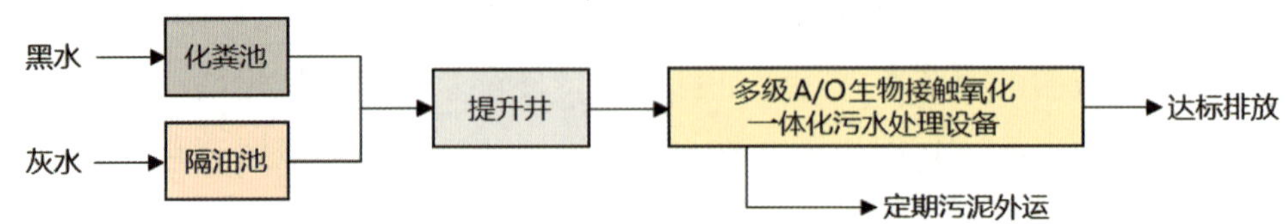

图 5-15　云南省石屏县某乡村污水处理案例工艺流程

表 5-16　多级 A/O 生物接触氧化工艺一体化处理设备参数

项目	参数	备注
处理工艺	多级 A/O 生物接触氧化法	
处理对象	生活污水	
进水方式	间歇进水	
需气量 /（m^3/min）	0.5	
填料种类	多面空心球 + 生物量递增海绵体	
装机功率 /kW	1.21	气泵版
运行功率 /kW	0.4	气泵版
吨水能耗 /（kW · h /m^3）	0.96	气泵版
箱体材质	Q235-B	
设备尺寸（L×W×H）/m	6.09×1.31×2.2	
设备自重 /t	2	
运行重量 /t	9	
设备安装方式	地上式	

5.8.4　处理效果

多级 A/O 型生物接触氧化工艺能有效达到工程目标。项目运行稳定，处理效果良好，处理后出水水质各项指标均能稳定达到《城镇污水处理厂污染物排放标准》（GB 18918—2002）一级 A 类标准。项目现场如图 5-16 所示。

图 5-16　云南省石屏县某村污水处理案例现场

5.8.5　运维要点

①定期巡检，主要包括设备运行情况、工艺运行情况。定期确认好氧区溶解氧在合理范围，视不同进水负荷，校准系统进水及各好氧功能区的曝气量。

②建立日常水质监测制度，定期开展进出水水质监测。

③为保证设备正常运行，现场污泥需要定时清理外置，一般污泥抽取外运周期为 3 ～ 6 个月，需要定期观察设备污泥堆积情况。

④其余参考多级 A/O 生物接触氧化工艺的运维要点。

5.9 广东省东莞市乡村生活污水应急治理案例

5.9.1 项目概述

项目特色：大集中，应急处理。

建设时间：2020 年 1 月。

建设规模：8 000 m^3/d。

项目目标：出水水质标准执行《城镇污水处理厂污染物排放标准》（GB 18918—2002）一级 A 类标准（表 5-17）。

表 5-17 工程设计进出水水质

项目	COD_{Cr}	BOD_5	NH_3-N	TN	TP	SS
进水 /（mg/L）	400	200	40	50	5	200
出水 /（mg/L）	50	10	5（8）	15	0.5	10

注：括号外数值为水温＞ 12℃时的控制指标，括号内数值为水温≤ 12℃时的控制指标。

5.9.2 项目背景

广东省东莞市东坑镇在实施截污次支管网建设工作中，出现了镇区收集污水量远超出污水处理厂设计规模的问题。同时，现有污水处理厂正处于扩容和提标改造施工中。导致东坑镇部分片区的污水无法输送至污水处理厂处理，河涌受到严重污染、造成河道水体黑臭，为此开展了应急处理项目。项目主要特点为：①体量大，要求高，日处理量为 8 000 m^3，出水需达到《城镇污水处理厂污染物排放标准》（GB 18918—2002）一级 A 类标准；②应急处理，建设周期短，从设计实施到达标排放设计工期仅 40 d。

5.9.3　处理方案

该项目选择流程简单、投资省、操作费用低的 A/O-MBBR 污水一体化处理工艺。工艺流程如图 5-17 所示，项目主体构筑物组成见表 5-18，一体化处理设备参数见表 5-19。项目总设计处理量为 8 000 m^3/d，合计 8 套一体化处理系统并联，每套系统由 3 台一体化处理设备串联而成。A/O-MBBR 污水一体化处理工艺除磷效率较低，鉴于出水水质要求，在一体化处理设备添加化学除磷模块（PAC）。项目主要工艺流程为：生活污水经收集管网排入一体化提升泵站，依次流经格栅渠、沉砂池、调节池，由配水井将进水均匀分配给一体化污水处理设备，经滤布滤池进行深度处理，最后经消毒杀菌后达标排放或回用。剩余生化污泥经过污泥池短暂存储后，由叠螺脱水机进行压滤后外运处置。一体化设备采用地上式，运行费用为 1.01 元 /m^3（除人工费用）。

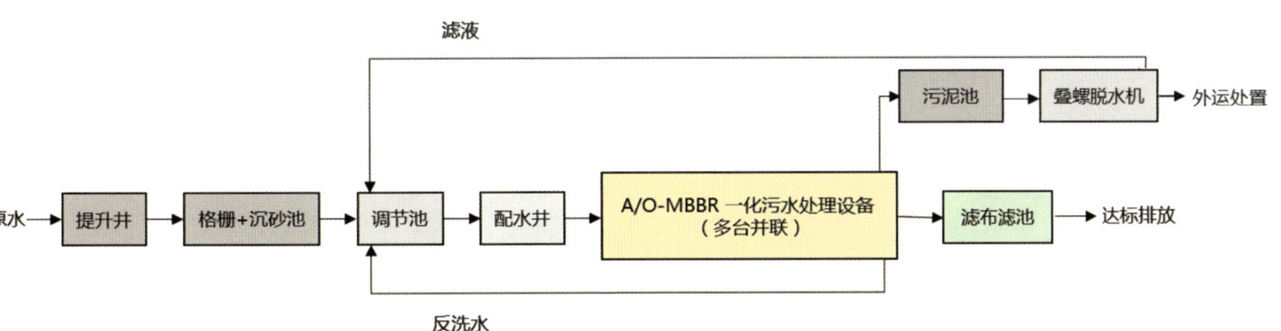

图 5-17　广东省东莞市某乡村生活污水应急治理案例工艺流程

表 5-18　广东省东莞市某乡村生活污水应急治理案例主体构筑物

名称	规格（$L \times W \times H$）/m	结构
细格栅渠	11×3.9×1.6	钢砼
调节池	36.3×6×4.5	钢砼
消毒排放渠	1.3×6×1.3	钢砼
污泥池	6×2×4.5	钢砼

名称	规格（$L\times W\times H$）/m	结构
在线监测房	4.5×4.5×3.5	活动式板房
加药间	8×4.5×3.5	活动式板房
鼓风机房	9.5×45×3.5	活动式板房
污泥脱水间	10.5×4.5×3.5	活动式板房
中控室	4×4.5×3.5	活动式板房
办公室	—	钢砼

表 5-19　A/O-MBBR 一体化处理设备参数

项目	参数	备注
处理工艺	A/O-MBBR	
处理对象	典型生活污水	
额定处理量 /（m^3/d）	1 000	单套系统
进水方式	潜污泵提升进水	
生化停留时间 /h	7.2	
需气量 /（m^3/min）	10.5	
填料种类	优选生物量递增海绵体	
装机功率 /kW	4.2	风机
运行功率 /kW	3.5	风机
吨水能耗 /（$kW\cdot h/m^3$）	0.43	风机
箱体材质	SPA-H（耐候钢）	浅灰色 + 灰色
设备尺寸（$L\times W\times H$）/m	17.5×2.9×2.9	
设备自重 /t	13.1	
运行重量 /t	72.3	
设备安装方式	地上式	

5.9.4　处理效果

A/O-MBBR 污水处理工艺能有效达到应急处理目标。项目按期完成，第 5 周完成安装，第 6 周达标排放。一体化设备运行稳定，处理效果良好，出水水质各项指标均能稳定达标。项目现场如图 5-18 所示。

图 5-18　广东省东莞市某乡村生活污水应急治理案例现场

5.9.5　运维要点

①运维范围包括 8 套一体化处理系统，以及同场站配套的其他附属设施，包括旋流沉砂池、机械格栅、集水池、提升泵、配水罐等。

②设专职运维和设备机修人员，定期巡检设备设施运行情况和监测进出水水质。

③A 区搅拌要确保均匀，避免局部形成污泥堆积。如发现搅拌管路堵塞，需及时疏通。

④应检查 O 区填料有无堆积、破损、非功能性生物过量负载等问题。

⑤O 区末端的填料拦网应保持通畅。

⑥沉淀区斜管填料上堆积的污泥要及时进行反洗。

⑦滤布滤池过滤单元应定期清洗。

⑧项目采用风机曝气，需每天检查风机皮带状况、是否有漏油、异响等非正常现象；必须定期对风机进风口滤网进行除尘。

⑨定期检查加药单元是否运行正常，避免出现堵塞、空抽、药剂量不足等情况。

⑩叠螺脱水机脱水异常时可调整进料量与加药量，并及时排除堵塞。

5.10 海南省海口市校园生活污水治理案例

5.10.1 项目概述

项目特色：大集中处理，出水要求高。

建设时间：2020 年 12 月。

建设规模：1 500 m^3/d。

项目目标：出水水质标准执行《城镇污水处理厂污染物排放标准》（GB 18918—2002）一级 A 类标准（表 5-20）。

表 5-20 工程设计进出水水质

项目	COD_{Cr}	BOD_5	NH_3-N	TN	TP	SS
进水 /（mg/L）	400	200	40	50	5	200
出水 /（mg/L）	50	10	5（8）	15	0.5	10

注：括号外数值为水温＞ 12℃时的控制指标，括号内数值为水温≤ 12℃时的控制指标。

5.10.2 项目背景

2017 年，海南省发展改革委、省水务厅印发了《海南省城镇污水处理设施建设"十三五"规划》，要求进一步提高城镇污水综合治理能力，全省各市县城镇污水集中处理率达到 85% 以上。

该项目位于海南省海口市，涉及某新建校园生活污水的处理。该校周边的污水管网尚未完善，校内产生的生活污水不能排至污水处理厂，因此急需建设配套污水处理设施。

根据现场调查及学校相关人员提供的数据，新建学校师生人数约 7 000 人。参考海口市人均综合用水量指标，并结合学校用水现状与远期规划情况，最终确定生活综合用水量标准为 200 L/（人・d）。根据综合用水量的预测和污水处理站建设实际情况，学校污水处理站的设计处理规模取 1 500 m^3/d。出水满足《城镇污水处理厂污染物排放标准》（GB 18918—2002）一级 A 类标准。

5.10.3　处理方案

为满足出水要求，项目选择脱氮除磷效果较好的 A^3/O-MBBR（泥膜复合）污水一体化处理工艺。工艺流程如图 5-19 所示，项目主体构筑物组成见表 5-21，一体化设备参数见表 5-22。污水总处理量为 1 500 m^3/d，采用单台日处理量为 250 m^3 的 A^3/O-MBBR 一体化污水处理设备并联实现。项目分两期开展，案例承担第一期设计水量 750 m^3/d 的建设，包括 3 台一体化设备。

主要工艺流程为：经管道收集的生活污水首先通过格栅去除较大悬浮物后自流到调节区，在调节区中进行均质、均量处理，然后由调节区中的提升泵泵入贝斯高效生物反应器中，出水经过消毒后达标排放，剩余污泥排入污泥浓缩池，经浓缩、干化后的污泥可外运填埋或堆肥。本项目采样地上式一体化处理装备。项目建设费用为 8 500 元 /m^3，运行费用为 0.7 元 /m^3（除人工费用）。

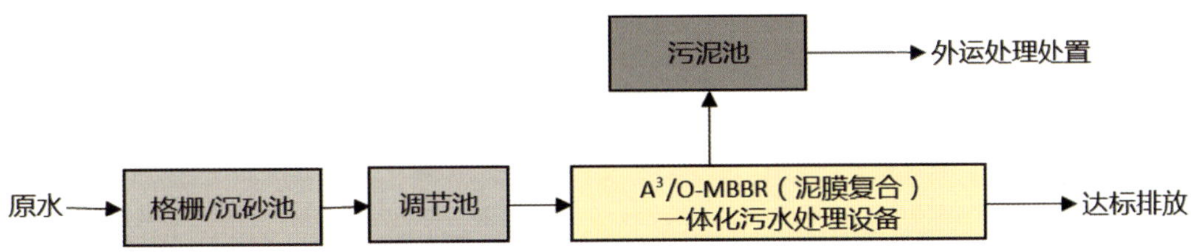

图 5-19　海南省海口市某校园生活污水处理案例工艺流程

表 5-21　主要建构筑物一览表

名称	规格（$L\times W\times H$）/ m	数量	单位	备注
调节池	12.0×5.2×6.0	1	座	业主自建
污泥池	5.2×4.8×5.4	1	座	业主自建
设备基础	18.0×21.85×0.3	1	座	业主自建
排放渠	4.0×1.0×0.6	1	座	业主自建

表 5-22　A^3/O-MBBR（泥膜复合）工艺装备参数

项目	参数	备注
处理对象	典型生活污水	
进水方式	潜污泵提升进水	
额定处理量 /（m^3/d）	250	
生化停留时间 /h	8.32	
需气量 /（m^3/min）	4.0	
填料种类	生物量递增海绵体	
装机功率 /kW	4.63	气泵版
运行功率 /kW	4.57	气泵版
吨水能耗 /（kW/m^3）	0.34	气泵版
箱体材质	SPA-H（耐候钢）	白色+灰色
设备尺寸（$L\times W\times H$）/m	17.5×2.9×2.9	
设备自重 / t	14.3	
运行重量 / t	132.1	
设备安装方式	地上式	

5.10.4　处理效果

A^3/O-MBBR（泥膜复合）工艺能有效达到工程目标。该项目一期投产 750 m³/d，一体化设备运行稳定，处理效果良好，处理后出水水质各项指标均能稳定达到《城镇污水处理厂污染物排放标准》（GB 18918—2002）一级 A 类标准。项目现场如图 5-20 所示。

图 5-20　海南省海口市某校园生活污水治理案例现场

5.10.5　运维要点

①设 1 名专职运维人员，定期巡检设备运行情况、工艺运行情况等。

②建立日常水质监测制度，定期开展进出水水质监测。

③根据水质水量变化，合理调整设备的排泥量，维持系统内污泥浓度稳定。

④考虑学校的生活污水排放具有明显的周期性，在临近寒暑假时提前关闭所有设备的排泥，3 台并联设备的气泵保持间歇运行，减少污泥在进水有机物匮乏时的降解，并定期投加工业葡萄糖，以备寒暑假结束后设备顺利启动。

⑤其余参考 A^3/O-MBBR（泥膜复合）工艺的运维要点。